救命食谱

逆转和预防致命疾病的科学饮食

THE HOW NOT TO DIE COOKBOOK

[美] 迈克尔·格雷格（Michael Greger）
[美] 吉恩·斯通（Gene Stone）

——————— 著 ———————

[美] 罗宾·罗伯逊（Robin Robertson）

——————— 食谱设计 ———————

谢宜晖

——————— 译 ———————

电子工业出版社
Publishing House of Electronics Industry
北京·BEIJING

THE
HOW NO
COOKBOOK

救命食谱

逆转和预防致命疾病的科学饮食

T TO DIE

目录
CONTENTS

● 请使用标准量杯、量匙来计量。

本书中的1杯约为240mL，
1大匙约为15mL，1小匙约为5mL。

饮食新启发
INTRODUCTION

我承认，我是个营养学"偏执狂"！我热爱从科学文献中挖掘真相，对于解开所有的谜团及了解人体如何运作深深着迷，并乐此不疲。高中时，我常常逃课泡在附近大学的科学图书馆里，花费数不清的时间，试着阅读所有期刊里的新发现，虽然几乎都看不懂，但就是喜欢这科学探究的理念：用实验数据来验证我们关于宇宙的理论。

上大学后我主修生物物理，最感兴趣的部分是我们每个人"内部宇宙"的秘密，这就跟所有的科学与数学一样令人着迷，我逐渐意识到，造成死亡与残疾的头号杀手并非希格斯玻色子（Higgs boson*），而是我们的日常饮食结构。我的母亲深入参与公民运动，启发了我投入毕生之力来使世界变得更美好的愿望；而我的奶奶因改变饮食结构而从心脏病末期奇迹痊愈的经验，为我提供了方向：我想成为一名医生，并专攻营养学。

尽管这样做并没有什么实质性的帮助，但我仍乐于一周花上七天的时间，在某个医学图书馆的地下室，忘情于布满灰尘的书堆中，满足自己的好奇心。但每天早晨激励我跳下床（并踏上跑步机）的最大动力，则是能够用所发现的信息来拯救与改变所有生命。多年来，通过"能救命的营养学"网站（NutritionFacts.org），我的工作已经影响了数百万人，但一直到《救命！逆转和预防致命疾病的科学饮食》（以下简称《救命》，原版书名为 *How Not to Die*）一书出版，影响力才真正开始蔓延开来。读者真挚的感谢信如洪水般淹没了我的信箱、电子邮箱与语音信箱，告诉我这些我所分享的科学知识是如何帮助他们与家人变得更健康，而这些信息都是珍贵的礼物。

更棒的体验是能够面对面地接受对我工作的衷心感谢。在走遍世界各地分享这本书的过程中，我见证了无数个神奇的故事。在演讲结束后，想与我交流沟通的人大排长龙，有时甚至聊到我仅剩几小时赶

＊ 希格斯玻色子，又称为"上帝粒子"，是一切物质质量之源。

去机场的时间。

读者与听众跟我分享的故事，通常都不是大部分医生会听到的那些病痛缠身的经历，而是恢复健康与幸福的故事。你认为哪种故事会让我们更满足呢？

请让我分享其中一则故事。

在美国波士顿哈佛大学丹娜法伯癌症研究院（Harvard's Dana-Farber Cancer Institute）的一次演讲后，我遇见了一位在此任职的中年男子克里斯。克里斯会来听我的演讲，是因为他大约在十岁时就被诊断出患有Ⅱ型糖尿病（Type 2 diabetes），但他不甘心屈服于医生所断言的命运，不想一辈子服药与接受监测。

克里斯的医生告诉他，他的糖尿病可能来自不良的遗传，他需要服药，并且应随时"注意糖量"（无论这意味着什么）。克里斯知道糖尿病可能会导致失明或截肢等并发症，而他的医生似乎对预后不太乐观，也没有提供任何其他的建议。

十年前，克里斯在绝望与无助中离开了医院，他觉得自己就好像被宣判了死刑一样，但他从未放弃寻求其他的答案，正因如此，他来听了我的演讲。

在克里斯讲述了他的经历后，我告诉他，不管他的医生怎么想，我们实际上对于自己的健康与命运有着巨大的影响力，大部分的英年早逝与残疾，都可以通过蔬食与健康的生活方式来避免，而Ⅱ型糖尿病就是可恢复疾病中的一个最佳例子。

随后，克里斯递上了一本《救命》请我签名，我照例在签名后面留下我的个人E-mail与手机号码，并鼓励他如果有任何需要我帮助的地方，欢迎跟我联系。

大约10个月后，我收到了克里斯的E-mail。

亲爱的医生：

你相信吗？我的糖尿病没了！医生，我打败它了！《救命》确实救了我的命！猜猜看还发生了什么事？我太太从青春期开始就一直有体重的困扰。我们一起实行蔬食计划，然后在这么多年后，她的体重终于第一次回到了正常范围，我们都高兴得不得了，感觉就好像是重回青春期一样！（我曾经告诉过你，我们是高中同学，对吧？那真的是很久以前的事，但现在感觉似乎没那么久了！）

我还要告诉你，这种饮食方式帮我们省了很多钱！过去我每个月花在糖尿病上的医药费都超过70美元，包括药费、血糖检测仪和试纸等，现在我们把在医药费上省下来的钱，都存进了"幸福账户"里！

我们一直都想养一只狗，当我终于战胜糖尿病后，我太太说："你恢复健康的那天，是我这辈子最棒的一天！我们应该庆祝一下。"我告诉她，我想去动物收容所领养一只狗。当收容所的员工问我们想要哪种狗时，我告诉他："一只你觉得其他人都不会想要、其他人都会放弃的狗，一只需要第二次机会的狗——那就是我的狗。"

收容所的员工彼此交谈了一会儿，然后就牵出了一只黑色大狗，它垂着头，两腿夹着尾巴，我们相互对望了一眼后，我领养了它，并给它起名为"喜乐"。对一只遭遇悲惨命运的狗而言，这真是个不太搭调的名字，对吗？但我们很快变得亲密无比，现在我太太、喜乐和我每天早上都会一起去散步，我们称之为"喜乐漫步时光"！如今喜乐就像它的名字一样，开心地生活着，而我认为在我救出它的同时，它也拯救了我。

对我而言，在大多数的日子里，要做到这些新的健康选择都很容易；而当我感到迷惑时，只要看着喜乐，我就会想起过去是什么样子，提醒自己绝对不要再重蹈覆辙。

感谢你跟我说过的那番话，也谢谢你关心我和我的家人，你可能永远都不知道这对我来说意义有多么重大，我希望你能把曾经告诉过我的那些话告诉大家——基因不代表我们的命运。人生是充满希望与喜乐的（至少在我家是如此）！谢谢你，格雷格医生！

别客气，克里斯！

然而，并非每个人都如此宽宏大量，有些人感到很生气：为什么他们的医生没有告诉他们，饮食结构的选择可以救命？当我展示一些数十年前的研究，显示导致人类死亡的主要疾病可以轻松就被逆转时，观众脑中就会想着："等等，这是否意味着我的兄弟（或者姐姐、母亲、挚友）

其实可以不必死？！"狄恩·欧尼斯医生（Dr. Dean Ornish）早在 20 世纪 90 年代就发表了研究成果，证明心脏病可以被逆转。[1] 而我在克里斯参加的讲座中所发表的糖尿病可以被逆转的研究成果，则发表于 1979 年。该研究成果表明，患有 Ⅱ 型糖尿病长达 20 年、每天必须注射 32 个单位胰岛素的人，可以在短短 13 天内，就不再需要任何胰岛素。[2]

让我们深思一下：长达 20 年为糖尿病所苦的人，可以在少于两个星期的时间里，就不再需要依赖胰岛素，而他们之所以忍受糖尿病 20 年，只因为没有人告诉过他们蔬食饮食的好处。多年来，他们离自由其实一直只有 13 天的距离而已……

· · ·

虽然素食与蔬食说起来似乎是一样的，但我并没有把这本食谱定位为素食食谱，因为吃得健康，与素食主义、纯素主义或任何主义都无关。从营养学的角度来看，我不喜欢"素食"或"纯素"的说法，是因为这些是由你"不吃"的食物所定义的。我经常遇到纯素者很得意地告诉我关于他们无动物饮食的内容，不外乎由薯条、素肉与非乳制冰激凌所组成，这样的菜色可能是纯素的，但并非有益于健康。

这就是为什么我更喜欢用"全蔬食营养"这个词。现有的最佳科学实证表明，最健康的饮食结构是尽可能减少肉类、蛋类、乳制品与加工垃圾食品的摄取，并增加水果、蔬菜、豆类（黄豆、裂豌豆、鹰嘴豆和小扁豆等）、全谷物、坚果和种子、菇类、香草与香料的摄取量。基本上，从土里长出来的，才是真正的食物，是我们最健康的选择。

那么，什么是全食物？我所指的是没有过度加工的食物。换句话说，没有添加什么不好的成分，也没有损失什么好的营养。

食品加工的典型例子是研磨谷物，比如把全麦磨成白面粉，或者将糙米"精制"成白米。白米可能看起来很干净，却丧失了糙米中所具有的许多必需营养素，如 B 族维生素。在食品制造商于白米中添加维生素前，有成千上万的人死于脚气病，这是由食用缺乏营养的白米所导致的 B 族维生素缺乏症引起的。尽管现在的精制谷类通常会添加少量维生素，但仍然缺乏许多在全谷物中所含有的植物营养素（Phytonutrients）。

我对全食物的定义是——无有害添加物，无营养流失。因此钢切燕麦片、传统燕麦片，甚至（原味）即食麦片都算是相对未加工的食物。不过如果条件允许的话，最好的选择还是完整、未经过加工的全谷物。

而我所指的蔬食，是尽可能地摄入全食物蔬食。在《救命》中，我建立了一个红绿灯系统来对食物进行分类。人们应该多吃绿灯食物，少吃黄灯食物，而理论上每天都应避免吃红灯食物。对健康的人而言，在生日、周末与特殊节日里，吃什么都没有关系，因为真正会累积并对健康造成影响的是每天的日常饮食。正如凯萨医疗机构（Kaiser Permanente）出版的指南——《蔬食：一种更健康的饮食结构》（*The Plant-Based Diet: A Healthier Way to Eat*）中所说："如果您无法做到百分之百蔬食，那么就以百分之八十为目标吧！任何朝食用更多蔬食、更少动物性产品（与加工食品）的饮食习惯的改变，都能够改善您的健康！"[3]

我尽力确保本书中的所有食谱都由绿灯食材所做成，这并不是说所有的加工食品都对身体不好，食物没有绝对的好或坏，只是相对的较好或较差，未经加工的食物，往往会比加工食物更健康。你不妨这样想：在燕麦片里加杏仁，要比加杏仁奶好，而加杏仁奶会比加牛奶好。

...

《救命》是受到我了不起的奶奶所启发而写的。医生曾告诉她，她活不过 65 岁，她被医生用轮椅送回家等死，然而就在从医院回家后不久，她看到电视节目《60 分钟》（*60 Minutes*）播出了一段关于内森·普里特金（Nathan Pritikin）的报道。普里特金是生活方式医疗的先驱，因为用蔬食逆转末期心脏病而闻名。于是我的奶奶飞到加利福尼亚州的普里特金中心，看看他的计划是否能够帮助她。当时他们用轮椅把奶奶推进去，而她出院时，却是自己用双脚健康地走出来的。她在被医生宣判"死刑"后还能多活31年，与她的6个孙子（其中也包括了我）一起继续享受人生。

而这本《救命食谱》，则是受到你——我的读者与支持者们所启发而写的，因为你们经常询问我最喜欢的食谱、对于饮食计划的确切建议，以及尽可能在生活中获取"每日饮食十二清单"中食物的最佳方式。所以我希望这本书能够帮助你和你的家庭，就像普里特金曾经帮助我的家庭一样。

《救命》中的养生法

我会鼓励那些还没有听过或读过《救命》的读者，到附近的书店或图书馆去找一本来读，我个人并不会因为卖书而获利，所有从我的书籍、DVD及演讲中获得的收入，全部都捐赠给慈善机构。因此，我并不是因为个人的利益才希望你去阅读我的上一本书，而是真心相信它能够帮助你生活得更加健康快乐。

以下是《救命》一书内容的精简摘要，这个快速摘要可以帮助你了解在这本配套食谱中囊括这些特定（且美味）食谱的原因：它们全都含有最可能帮助你预防疾病与恢复健康的全蔬食。

在20世纪50年代后期，41岁的工程师内森·普里特金被诊断出患有冠心病（Coronary Heart Disease），他的医生告诉他，他无能为力，能做的只有多睡点觉、避免爬楼梯，以及尽可能多地花时间跟家人相处。但普里特金并没有坐以待毙，而是尽力自救，尽力吸收所有关于他疾病的知识。

他的研究最终启发他采用蔬食饮食结构，就在两年内，他的胆固醇值从300多降到低于160。普里特金并没有因心脏病发作而死亡，反而继续帮助无数人逆转他

们的心脏病病情，其中一位就是我的奶奶，正如普里特金的传记中所描述的那样，我奶奶的事迹成为他著名的成功故事之一。[4]

我奶奶奇迹般康复的故事，正是促使我就读医学院的原因。然而当我真正到了那里，却惊讶地发现，通过改变生活方式来逆转慢性疾病的所有证据，也就是不用药物或手术就能让动脉畅通的道理，大部分都被主流医学所忽视。如果能有效治愈导致我们死亡的主要疾病的方法都可能掉进兔子洞里被忽略，那么医学文献里还可能埋藏了哪些其他的信息？我把找出这些答案当成我人生的使命，这就是我创设"能救命的营养学"网站及撰写《救命》的原因。

蔬食是在大多数病人身上唯一被证明能够逆转心脏病的饮食结构。如果逆转我们的"头号死因"（心脏病）是蔬食能够做到的，那么在得到新证据推翻这个理论之前，何不将它当成基础饮食结构？更何况它也能有效地逆转和预防一些其他的致命疾病。

在《救命》中，我介绍了饮食结构在逆转和预防15种致命疾病中可能发挥的作用，以下我将它们按照顺序列出，就从最常见、也是我奶奶成功逆转的疾病开始。

冠心病

这是危害健康的"头号杀手",每年让 375 000 名美国人命丧黄泉。[5] 但正如著名的"中国—康奈尔大学—牛津大学"联合项目（China-Cornell-Oxford Project）"中国健康调查报告"中所言,其实这是可以避免的。这项由康奈尔大学终身教授托马斯·柯林·坎贝尔（Professor Emeritus T. Colin Campbell）所领导的详尽研究,调查了数十万名中国农村人口的饮食结构与死亡率,之后成为坎贝尔教授的畅销书《救命饮食:中国健康调查报告》（The China Study）的基础。令人惊讶的是,坎贝尔教授与同事发现,许多在西方流行的慢性病,包括冠心病,在以蔬食为主的中国农村人口中都不存在。[6] 而 20 世纪初在非洲农村所进行的类似研究也发现了相同的结果:以蔬食为主的人患心脏病的情形,是同龄的美国人的 1/100。[7]

意外死亡罹难者的尸检报告显示,心脏病从生命非常早期就已经开始了。[8] 事实上,如果你的母亲胆固醇高,那么你的心脏病可能从胚胎时期就已经患上了。[9]

1953 年,《美国医学协会期刊》（Journal of the American Medical Association）发表了一项研究结果,研究人员对朝鲜战争中阵亡的 300 具美军遗体进行了一系列的解剖研究,这些阵亡士兵平均年龄约为 22 岁。研究人员发现,在 77% 的士兵身上已经出现冠状动脉粥样硬化（Coronary Atherosclerosis）的明显证据;其中甚至有些人 90% 以上的动脉都已经阻塞。[10] 而针对意外死亡罹难者的其他研究也显示,脂肪斑纹（Fatty Steak）——动脉粥样硬化形成的前兆,早在 10 岁时,就已经出现在那些采取标准美国饮食的人体内。[11]

尽管如此,在测试前我们仍无法确定这是否真的是食物的缘故。而狄恩·欧尼斯医生是在随机对照实验中,证明蔬食及其他生活方式的改变能够逆转心脏病的第一人。[12]

随后,卡德维尔·艾索斯顿医生（Dr. Caldwell Esselstyn Jr.）仅对饮食继续研究。在 2014 年,他发表了一项包括对近 200 名严重心脏病患者的研究,其中一些人就像我奶奶一样,连走到门口信箱这样一小段路,都必须忍着疼痛,一拐一拐地辛苦跛行。实验开始时,艾索斯顿医生让他的病人采用全蔬食饮食;改变饮食结构后,超过 99% 遵照医嘱的患者,都避免了心脏病病情的持续恶化。[13]

肺部疾病

肺癌、慢性阻塞性肺病（Chronic Obstructive Pulmonary Disease, COPD）和哮喘（Asthma）每年会夺走 296 000 名美国人的生命。[14] 但蔬食可以

帮助预防以上 3 种疾病。当然，预防肺癌最好的方式就是避免吸烟，且每天吃一颗西蓝花，以增强肝脏中解毒酶的活性，并有助于防止肺癌所引起的细胞层级的DNA 损伤。[15] 再者，每天吃一份水果，能降低 24% 的 COPD 死亡风险，其症状包括会使人呼吸困难，并随着时间推移而逐渐恶化的肺气肿。[16]

最后，高蔬菜摄取量可以让儿童的哮喘发病率降低一半。[17] 就辅助治疗哮喘而言，一项随机对照实验显示，在饮食里添加几份蔬菜和水果，可将哮喘发作的概率减半。[18]

脑部疾病

两种最严重的脑部疾病是中风和阿尔兹海默病（Alzheimer's Disease），每年共造成 214 000 名美国人死亡，[19] 这两者都曾出现在我的生命中：我的外祖父死于中风，而外祖母则死于阿尔兹海默病。在大多数的中风情况下，大脑的血流会被切断，因而造成缺氧，而中风造成的后果，取决于脑部的哪个区域受损。曾经历过短暂中风的人，可能只需要克服四肢无力感；而那些严重中风的人，则可能会瘫痪、失语，甚至死亡。

值得庆幸的是，蔬食可以降低中风发生的概率。每天只要增加 7 克纤维（只有植物中有此成分）摄取量（分量相当于一杯覆盆子），就能减少 7% 的中风风险。[20] 此外，《美国心脏病学院期刊》（Journal of the American College of Cardiology）中的一篇元分析研究文章发现，每天增加 1 640 毫克的钾摄取量（相当于一杯烹调过的绿叶菜或者半杯豆类），就能减少 21% 的中风风险。[21]

阿尔兹海默病是一种破坏我们记忆力和自我意识的可怕疾病，既无法治愈，也无法有效治疗。然而，一种共识正在形成，即阻塞我们动脉的食物也会阻塞我们的大脑。阿尔兹海默病研究中心（Center for Alzheimer's Research）的一位资深科学家，发表了一篇名为《阿尔兹海默病无法治愈但可预防》的文章。[22] 验尸报告一再证明，阿尔兹海默病患者往往明显具有更多的动脉粥样硬化斑块堆积，以及脑内动脉变窄的现象。[23]

许多研究显示，阿尔兹海默病并非主要来自遗传。例如，住在美国的日裔男性，阿尔兹海默病的发病率就比那些住在日本的明显高很多。[24] 比较住在美国印第安纳波利斯（Indianapolis）的非裔美国人，与住在尼日利亚（Nigeria）的非洲人，也能得出相同的结论。[25] 因此问题可能出在典型的美式饮食结构上，这种饮食结构可能会阻塞大脑内的动脉。而什么地方具有世界最低的阿尔兹海默病确诊率？答案是印度北部的农村，[26] 那里的人们以谷物和蔬菜为主要饮食。[27]

消化道癌

每年有 106 000 名美国人死于这种或许可以事先预防的癌症。[28] 虽然有些癌症的主因是遗传，但常见的消化道癌很可能是不良饮食结构所导致的。如果把肠子摊平，它们可以覆盖数千平方千米，[29] 这意味着当食物通过消化道时，跟它们相互作用的表面积非常大，因此可以说食物是使人体受到外在环境影响的最大媒介。

大肠直肠癌（Colorectal Cancer，包含大肠癌与直肠癌）是美国最常见的癌症之一，但在印度却相对罕见。相较之下，美国男性大肠直肠癌的患病率比印度男性高出 11 倍，女性则高出 10 倍。[30] 一个可能的原因是香料，姜黄（Turmeric）是印度料理中必备的食材（姜黄是咖喱粉中的重要组成部分），它似乎具有多种抗癌特性，[31] 而另一种可能性在于使用含有姜黄的咖喱粉所制作的食物：印度是世界上最大的蔬果生产国之一，因此人口中只有大约 7% 的成年人每天都吃肉，大多数人每天都吃豆类（黄豆、裂豌豆、鹰嘴豆和小扁豆等）和绿色叶菜，[32] 它们含有另一种抗癌化合物——植酸（Phytates）。

胰腺癌（Pancreatic Cancer）是最致命的癌症之一，只有 6% 的患者在确诊后能活到 5 年，[33] 这就是为什么说预防是当务之急。美国国立卫生研究所（National Institutes of Health，NIH）与美国退休人员协会（American Association of Retired Persons，AARP）曾合作开展了一项研究，从 1995 年开始追踪调查 525 000 名 51~71 岁的人，研究结果发现，动物性脂肪摄取量与患胰腺癌的风险有显著的关系；而摄取植物性脂肪则没有发现这样的关联性。[34]

同样地，欧洲癌症和营养前瞻性调查（European Prospective Investigation into Cancer and Nutrition，EPIC）从 1992 年开始，对 477 000 人进行了为期 10 年的追踪调查，结果发现，每天食用 50 克鸡肉（大约是 1/4 块鸡胸肉），患胰腺癌的风险就会增加 72%。[35]

感染

在我们的每一次呼吸里，都吸入了数千个细菌；而在每一口食物中，我们吃进去的细菌更是超过数百万个。虽说大部分的微生物是无害的，但有些却能引起严重的感染，例如单单是流感与肺炎，每年就会杀死 57 000 名美国人。[36] 蔬食能提高免疫力，让你更加健康。

2012 年发表在《美国临床营养学期刊》（American Journal of Clinical Nutrition）上的一项研究显示，每天被随机分配到吃 5 份以上蔬果的年长志愿者，对肺炎疫苗的保护性抗体反应比那些吃 2 份以下的人高出 82%，[37] 换句话说，多吃一些蔬果，可以增强免疫系统功能。

另外，西蓝花和其他十字花科蔬菜也已被证实能提高上皮淋巴细胞（Intraepithelial Lymphocytes）的功效，这种特殊类型的白细胞是肠道抵御病原体的第一道防线。[38] 同样地，实验证明蓝莓能够把我们的自然杀手细胞的数量增加至原来的近 2 倍，而自然杀手细胞是免疫系统中对病毒与癌细胞进行快速反应的团队中的重要成员。[39]

II 型糖尿病

目前有超过 2000 万名美国人被诊断出患有糖尿病，这种"21 世纪的黑死病"自 1990 年以来患病人数增加了 3 倍。[40] 目前，糖尿病每年在全美造成约 5 万人肾功能衰竭，7.5 万人下肢截肢，65 万人失明，以及约 7.5 万人死亡。[41]

II 型糖尿病是由人体对胰岛素作用产生阻抗所引起的，胰岛素是一种很重要的激素，能够将葡萄糖（血糖）运送到细胞，以避免它在血液中堆积到危险的程度。而胰岛素阻抗（Insulin Resistance）主要是由于脂肪堆积在我们的肌肉细胞中所造成的，[42] 这种脂肪可能是来自我们饮食中的过量脂肪，也可能是体内多余的脂肪。

其实，有高达 90% 的糖尿病患者都有体重过重的情形。[43] 而蔬食有助于减重，当一个人从非素食者转变成弹性素食者（Flexitarians，偶尔素食、方便素）、

海鲜素食者（Pesco-vegetarians，吃海鲜的素食者）、素食者（Vegetarian）乃至纯素者（Vegan）时，就能发现体重有逐渐下降的趋势。而上面所提到的这些以蔬食为主的族群，是平均值达到理想体重的唯一饮食组别，平均身体质量指数（BMI）是 23.6（BMI 超过 25 就被认为是过重）。非素食者的 BMI 高居榜首，是不健康的 28.8。[44] 假如你正试着减重，那么在饮食结构中加入蔬食会有所帮助：研究发现，仅仅在饮食结构中加入豆类，在减小腰围与改善血糖值上，就能达到与减少食量进行热量控制相同的效果。[45]

一项针对美国与加拿大数万名成年人的研究显示，完全不吃任何动物食品（包括鱼、乳制品和蛋）的人，患糖尿病的风险降低了 78%。[46] 假如你已经罹患糖尿病，蔬食甚至可以逆转病况，即使没有减重，蔬食也能够让长年患有 II 型糖尿病的病人，在短短两星期内不再需要注射胰岛素。[47]

这就是为什么如果你正在服用降血糖或降血压的药物，需要在严谨的医疗监督下进行这些改变。如此一来，你才能很快在适当的时候摆脱药物，否则当饮食改变的效果太好时，会让你的血糖或血压降得太低。一旦你的身体开始有机会进行自愈过程，你很快就会发现自己用药过度。

高血压

高血压是全世界致死与致残的头号危险因子，[48]每年蹂躏全球 900 万人，[49]带走 6.5 万名美国人的生命，[50]增高的血压会对心脏造成压力，可能损害眼睛和肾脏中的敏感血管，并引起脑出血。许多医生认为血压增高就像皱纹或白头发一样，是一种自然老化的现象，毕竟，超过 60 岁的美国人中，有 65% 会被诊断出患有高血压。[51]但近一个世纪以来，我们已经知道，血压可以一辈子都维持稳定，甚至在 60 岁后还能降到更低的水平。[52]

平均而言，服用高血压药物会降低 15% 的心脏病发病风险，以及 25% 的中风发病风险。[53]然而在一项随机控制的实验中，每天吃 3 份全谷物，就能帮助人们在没有用药的情况下得到相同的好处。[54]每餐饮用一杯洛神花茶的人，收缩压比对照组降低了 6 个单位。[55]

一项安慰剂对照的随机双盲实验发现，每天食用几汤匙亚麻籽粉的高血压患者，在坚持 6 个月后，平均血压从 158 ／82mmHg 降到了 143 ／75mmHg。这样的改变从长期来看，预计可以减少 46% 的中风发病概率，以及 29% 的心脏病发病概率。[56]

肝脏疾病

每年大约有 6 万名美国人死于肝脏疾病。[57]许多人认为，肝脏疾病是由于酗酒或静脉注射毒品所造成的，但非酒精性脂肪肝（Non Alcoholic Fatty Liver Disease，NAFLD）已悄然成为美国慢性肝病最常见的原因，估计约有 7000 万名患者，[58]而其中几乎所有的人都严重肥胖。[59]

与酒精性脂肪肝一样，NAFLD 可归因于肝脏上的脂肪堆积。在极少数的情况下，这会引起发炎，导致致命性的肝脏疤痕，即肝硬化。[60]仅仅是每天喝一罐汽水，就能让患脂肪肝的概率增加 45%。[61]每天吃相当于 14 块炸鸡块肉量的人，患 NAFLD 的概率比每天吃相当于 7 块以下炸鸡块肉量的人高了将近 3 倍。[62]在一项安慰剂对照的随机双盲实验中发现，对体重过重的男女而言，食用麦片可以显著改善肝脏功能，同时帮助他们减重。[63]

血液性癌症

血液性癌症包括了白血病（Leukemia）、淋巴癌（Lymphoma）和骨髓瘤（Multiple Myeloma），有时也被称为液体肿瘤，因为通常这种肿瘤细胞会循环遍及全身，而非聚集成一团固体。每年这些癌症夺走约 5.6 万名美国人的生命。[64]关于饮食结构与癌症最大规模的一项研究发现，那些摄取蔬食的人，不太可能发展出各种形式的癌症，而最有效的，似乎就体现在预防血液性癌症上。[65]

衣 阿 华 州 妇 女 健 康 研 究（Iowa

Women's Health Study）在连续几十年追踪调查 3.5 万名女性后发现，吃越多的西蓝花及其他十字花科蔬菜，患非霍奇金氏淋巴癌的风险就越低。[66] 这与梅奥医学中心（Mayo Clinic）的一项研究结果相符。

该研究发现，每周吃 3 份以上绿叶菜的人，与那些一周吃不到 1 份的人相比，患淋巴癌的概率大约小了一半。[67] 这种保护作用可能是因为蔬食中含有大量的抗氧化物。重要的是，在添加了抗氧化物的营养品中并没有发现这些好处。

肾脏疾病

你的肾脏每 24 小时过滤 142 L 的血量，使你每天尿出 0.9~1.9 L 尿液。若肾脏无法正常运作，代谢的废物就会在血液中聚积，并会导致包括虚弱、呼吸急促、精神错乱和心律异常等危及生命的问题，最终肾脏功能可能会完全丧失，除非进行肾透析（Dialysis），否则就会死亡，而每年有将近 4.7 万名美国人因此死亡。[68]

最近的一项全美调查发现，受试的美国人中，只有 41% 具有正常的肾功能。[69] 大多数有肾脏疾病的人，甚至可能不知道自己已经患病。[70] 哈佛大学的研究人员追踪数千名健康女性的饮食结构与肾功能情况超过 10 年，他们的结论是，有 3 种特定的膳食成分与肾功能下降有关：动物性蛋白质、动物性脂肪和胆固醇。[71] 而这 3

种成分都只有一个来源：动物性食品。

动物性蛋白质会引发肾脏的发炎反应。[72] 在食用肉类后的几个小时内，肾脏就会转换成超过滤（Hyperfiltration）状态。[73]（超过滤是指肾脏在内部压力的不断累积下，开始超时工作。）终生过量摄取动物性蛋白质，可能会对肾脏造成伤害，导致肾功能随着年龄增长而每况愈下，然而肾脏在处理相同分量的植物性蛋白质时，却完全没有问题，[74] 植物性蛋白质甚至还有助于保护功能不良的肾脏。[75]

乳腺癌

乳腺癌每年导致 4.1 万名美国女性死亡，[76] 是女性最害怕诊断出的疾病之一，而我们的饮食与之息息相关。长岛乳腺癌研究计划（Long Island Breast Cancer Study Project）发现，在一生中食用较多炙烤、烧烤或熏肉的已停经女性，患乳腺癌的概率比一般人高出了 47%。[77] 在目前对胆固醇和癌症最大规模的研究中，调查了超过 100 万名参与者后发现，总胆固醇超过 240mg/dL 的未停经的女性，比胆固醇在 160mg/dL 以下的女性，患乳腺癌的风险高出了 17%。[78]

这意味着能帮助女性降低患心脏病风险的蔬食，也同样有助于降低患乳腺癌的风险。黑人妇女健康研究（Black Women's Health Study）从 1995 年开始追踪 5 万名非裔美国女性的健康状况，结果发现，每天食用2份以上蔬菜的女性，明显降低了很难治疗的乳腺癌——雌激素受体阴性（Estrogen-Receptor-Negative）和黄体素受体阴性（Progesterone-Receptor-Negative）乳腺癌的患病风险。[79]对于未停经的女性而言，采取高纤饮食则可以将患雌激素受体阴性乳腺癌的概率大幅降低85%。[80]

自杀性抑郁症

每年有4.1万名美国人自杀，[81]而抑郁症是主要原因。[82]有自杀念头的人都应该寻求专业协助，生活方式的介入性改变也有助于疗愈身心。同时，我们或许可以用绿叶菜来对抗蓝色忧郁：高蔬菜摄取量可以减少62%的抑郁症发病率。[83]

一般情况下，食用大量蔬果可能是"一种非侵入性的、自然且便宜的治疗手段，来维持大脑健康"。[84]此外，研究发现，番红花（Saffron）在辅助治疗轻度到中度抑郁症上的效果，与抗忧郁药物百忧解（Prozac）相当，[85]但吃起来美味多了。

前列腺癌

前列腺癌比一般人想的还要普遍：解剖研究显示，80岁以上的男性，大约有一半都患有前列腺癌。[86]其中大部分的人死于其他疾病，但每年仍然有2.8万名美国男性死于前列腺癌。[87]

最近的研究揭示了饮食结构与前列腺癌之间的关联。人口研究显示，当动物性食品的摄取量增加时，前列腺癌的患病率也随之升高。举例来说，自"二战"以来，日本的前列腺癌死亡率增加了25倍，此戏剧性的增长，与乳制品摄取量增加了20倍、鸡蛋摄取量增加了7倍、肉类摄取量增加了9倍的增长趋势一致。[88]乳制品的摄取量一直与患病的风险相关：在2015年的一项元分析研究中发现，乳制品（包括低脂与非低脂的牛奶和奶酪，但不含非乳制品来源的钙）的高摄取量，似乎会增加患前列腺癌的整体风险。[89]

如果你患有早期前列腺癌，或许可以用蔬食来逆转其进程。在打败了头号杀手——心脏病后，狄恩·欧尼斯医生开始对付二号杀手：癌症。前列腺癌患者被随机分成两组：在医嘱之外没有给予任何饮食或生活方式建议的对照组，以及以蔬果、全谷物、豆类等为主要饮食，配合其他健康生活方式的健康生活组。

一年后，对照组血液中的前列腺特异性抗原（PSA，一种体内前列腺癌生长指标）趋于增加，而健康生活组的PSA值则有降低趋势，[90]这表明后者体内的前列腺肿瘤实际上缩小了。不用手术，不用化疗，也不用放射治疗，只是采用更健康的生活方式，就能达到这样的效果。

帕金森症

帕金森症每年夺走2.5万名美国人的

生命。[91]这种病在遭遇持续反复头部创伤的职业拳击手及美国美式足球联盟的后卫球员身上很常见，也可能归因于从食物链中累积的污染和有毒重金属所导致的脑损伤。研究发现，家禽与鲔鱼是砷的主要来源；乳制品是铅的头号来源；而包括鲔鱼在内的海鲜类，则是汞的首要来源。[92]

一项横跨20国、囊括了超过1.2万种食物与饲料取样的分析研究发现，有毒化学物质多氯联苯（PCB）污染程度最高的是鱼和鱼油，其次是鸡蛋、奶制品，然后是其他肉类，在食物链底部污染最低者就是植物。[93]研究发现，那些采用蔬食饮食结构的人，血液中PCB的含量显著较低，从而降低了帕金森症的患病风险。[94]

看到这里，有些明察秋毫的读者可能会发现：等等，医生，你只列出了14种疾病！的确如此！第15位杀手实际上是第三大死因，每年造成22.5万人死亡。[95]而且，它并不是疾病。

它就是医生。

没错！医疗照护是第三大死因，包括医院感染[96]、非必要的手术、错误用药，也包括正确用药导致的不良副作用[97]所造成的死亡。一个令人悲伤的现实是，只是到医院去进行一项常规治疗，就可能会让你永远回不了家。虽然医院一直致力于减少医疗失误和感染扩散，但那里仍然是个危险的地方。[98]

你知道吗，一次常规的胸部断层扫描，可能会造成与吸700支烟相同的患癌风险。[99]而每270名中年女性在接受一次断层血管造影检查后，就有一人可能会患癌。[100]还有，即使是高风险患者，在5年间从胆固醇、血压和血液稀释药物中受益的机会，通常都低于5%。[101]医生和病人都高估了药物和治疗程序抵御死亡和伤残的力量。

对我而言，真正的悲剧，是我们错失所有解决慢性病根源的机会。现代医疗系统擅长修复骨折和治疗感染，但在预防和逆转最常见的死因上却是一塌糊涂。在系统改变之前，我们必须为自己和家人的健康承担起责任，我们不能等到社会赶上科学的脚步之后才去做，因为这是生死攸关的问题。之前我撰写了《救命》，帮助你理解食物在逆转和预防15种致命疾病中可以扮演的角色。而现在我写了这本书，就是要来帮助你在自己的厨房中实践这一切！

每日饮食十二清单
THE DAILY DOZEN

很多人告诉我，《救命》是他们的营养"圣经"。

我很荣幸，能听到无数读者分享他们对《救命》的热爱，以及从高中生到研究生，甚至是教授，都告诉我他们将这本书作为论文或授课的参考资料。没错！我从科学文献中引用了几千篇经过专业审查的论文，但我不只是想要写一本参考书；我还想创造一本实用指南，把这些堆积如山的证据转化成容易做到的日常决策。这就是我设计《救命》第2部分的方式，我把所有自己试着放进日常饮食的食物集中成一份"每日饮食十二清单"，并且也鼓励你这么做。

好消息是：有个应用程序可以帮助你。"格雷格医生的每日饮食十二清单"（Dr. Greger's Daily Dozen）在安卓系统和iOS都有免费的应用程序可供下载，这个应用程序标出了每种食物的分量，可以帮助你追踪每日的饮食情况。

我的家人把"每日饮食十二清单"当成非常实用的提醒，并尽可能让每顿饭越健康越好。令人振奋的是，我发现其他人也觉得这份清单很有用，我收到了几千封电子邮件，邮件中人们兴奋地告诉我，他们每天在清单上打了多少个钩。

"我吃了比我想象中还要多的十字花科蔬菜，"一位女士告诉我："而我以前甚至不知道'十字花科'这个词！"其他人则说，亚麻籽粉现在已经变成了他们饮食中相当基本的一部分，连旅行时都要带上一罐才行。还有一些人告诉我，他们在看我的书之前，烹调时从不加香料，但现在他们这样做了，不仅从姜黄、牛至及其他香料中获得了有益健康的好处，香料也让他们的餐点变得前所未有的美味。

很多人把这个清单变成一种游戏。为了要达成我建议的所有分量，每天必须要勾选24项。人们不断来询问有助于达成"每日饮食十二清单"的饮食计划与食谱，我很喜欢听到读者跟我分享他们如何发挥创意，比如如何把豆类与绿叶菜等食物加进早餐里，但许多人仍然不知道该买些什么、该怎么烹调，也不知道该怎么食用，他们说他们需要的是一本食谱书。

所以，这本《救命食谱》诞生了！它的目的是为你提供美味营养的餐点，并帮助你尽可能将所有"每日饮食十二清单"里的食物，变成你生活中的日常元素。

以"每日饮食十二清单"为主的日常饮食，应该会让你更容易保持健康。请记住，饮食是个零和游戏，当你决定吃一样食物时，就意味着你选择不吃另一样食物。

毕竟，在一天内，你能吃的东西就只有那么多而已。因此，你所选择的一切都带有机会成本。也就是说，每次当你把一样食物放进嘴里，也就丧失了一次追求更健康食物的机会。不妨这么想：假如你银行存款里有两千元的食物预算，你会想怎么使用它呢？你会把大笔钱花在很棒的食物上，好让你能把"每日饮食十二清单"上的大部分项目都勾选起来吗？还是会把它浪费在一桶桶炸鸡和一包包零食上呢？我愿意相信，如果你阅读过这本书，你的选择会是前者。事实上，每天你能"花费"的热量大约就只有2000卡路里，而你对食物做出的每个选择，将决定了你是让自己的健康越来越"富有"，还是"破产"。

本书中的食谱将为你提供在卡路里的预算之内最营养的餐点。从芒果牛油果羽衣甘蓝沙拉佐姜味芝麻橙汁酱、羽衣甘蓝藜麦黑豆汤，到镶波特菇佐香草蘑菇酱汁，

你会发现这些让你口水直流的食物，同时也有益你的健康。

注意： "每日饮食十二清单"呈现了我努力想要变成日常生活一部分的12种东西，也就是从5份健康的饮料到至少1份的莓果、亚麻籽、坚果与种子等。你会在每篇食谱的最后看到一张列表，告诉你该篇食谱包括了哪些"每日饮食十二清单"里的项目。

你可以扫描下文的二维码关注NutritionFacts.org"能救命的营养学"，了解更多健康知识。

关注"能救命的营养学"

格雷格医生的 "每日饮食十二清单"

√√√	豆类
√	莓果
√√√	其他水果
√	十字花科蔬菜
√√	绿叶菜
√√	其他蔬菜
√	亚麻籽
√	坚果与种子
√	香草与香料
√√√	全谷物
√√√√√	饮料
√	运动

以上是"每日饮食十二清单"及我对每类食物所建议的份数。多年来，我都把这份清单写在冰箱的备忘板上，欢迎你把这张表剪下来（或复印下来），跟我一样贴在冰箱上。当你去采买时，带着这份清单也会很有用，它能引导你做出最健康的选择，而且请记得一件事：只要尽力就好。有些时候，尤其是我旅行在外时，往往只能达成 1/4 的目标而已，当这种情况发生时，我会在第二天试着弥补，所以对你而言也是如此：假如在某天的饮食中只吃了清单中的一部分食物，那么第二天再努力多做到一点就好了！

杏仁奶

椰枣甜浆

香辣复合调料

坚果帕马森 "干酪"

鲜味酱

烤大蒜

蔬菜高汤

田园沙拉酱

椰枣香酯醋酱

健康辣酱

哈里萨辣酱

基本材料的制作

我们为你设计了一系列超乎想象的美味食谱，

但在进入正题之前，先分享11种基本材料的做法，

这些材料在本书的许多食谱中都会用到。

虽然每一种我都很喜欢，但最喜欢的两种是香辣复合调料与鲜味酱。

前者不仅能够为菜肴增添风味，而且无盐健康；

后者则是酱油的美味替代品，能够在煎、煮、炒、炸中增添风味。

在本章还有自制杏仁奶与蔬菜高汤的食谱，

以及用来撒在意大利面上的坚果帕马森"干酪"、椰枣甜浆、

椰枣香酯醋酱、田园沙拉酱和烤大蒜的简单食谱。

节省时间的烹饪小技巧

- 豆类可以一次煮很多，然后分成几份冷冻保存。过去我习惯用罐装豆类，但现在都自己煮，因为我发现用高压锅烹调豆类真的很简单。
- 与其一次只煮1~2份，不如一口气煮一大锅混合快煮豆类（如小扁豆），简单分成几份冷冻起来，需要时就能够快速解冻、加热后享用。
- 需要长时间烹调的菜肴，如炖菜、汤品等，可以一口气准备双倍的分量。这样不仅省时，在重新加热时也会更加入味。且这些菜肴在多放几天或冷冻一段时间后，风味更佳。
- 事先准备好调味料、酱汁或沙拉酱，以备不时之需。
- 当你要做两三道菜时，同样的材料可以准备双倍，例如洋葱要多切点，才够两道菜使用。如果你只需要用半个洋葱，可以整个切好，再把没有用到的部分放进密封罐冷藏备用。

红绿灯法则

在《救命》中，我解释了所谓的"依据红绿灯法则进食"。这个法则就跟依照红绿灯过马路一样简单。绿灯代表通行，绿灯食物也就是未经加工的植物性食物，应该是我们饮食的主体；黄灯代表注意，黄灯食物包括已加工的植物性食物与未经加工的动物性食物；红灯则代表停止，也就是在把这些食物放进嘴里前，停下来思考一下，红灯食物包括高度加工的植物性食物与加工的动物性食物。而吃进越多绿灯食物，就越能快速到达健康的目的地！

杏仁奶

**分量：约 *2* 杯 · 难易度：*简单*

以下是制作全食物杏仁奶的简易快速方法。在口味和便利性上，我个人喜欢无糖豆浆。（我最喜欢全食超市自家品牌的味道。）但我想要接受挑战，设计出只有"绿灯成分"（未加工的全蔬食）的食谱。这份食谱并不会提供市售杏仁奶所含有的钙、维生素 D 和 B_{12} 强化剂，但能够避免添加盐，以及有安全疑虑的增稠剂，例如卡拉胶（Carrageenan）。而选择用生杏仁而非烤杏仁所制成的杏仁酱，可以减少对糖基化终产物（Advanced Glycation End Products，AGEs）的接触（见 P108）。

生杏仁酱…2 大匙
水…2 杯

❶ 将生杏仁酱和水放入搅拌机中，高速搅打至细滑。
❷ 把打好的杏仁奶倒入玻璃瓶或密封罐中冷藏保存，使用前宜先摇匀。

椰枣甜浆

分量：约 1 1/2 杯 · 难易度：简单

"绿灯"甜味剂不太容易获取。椰枣粉只是简单干燥磨碎的椰枣，因此可以当成全食物甜味剂使用。而黑糖蜜（Blackstrap Molasses）是健康液体甜味剂的好选择，但它有种很强烈的味道，有时甚至盖过一切食材，因此我们研究出自己 DIY 的椰枣甜浆，希望你会像我们一样喜欢它。

椰枣（去核）…1 杯

开水…1 杯

柠檬（去皮打碎）…1 小匙

❶ 将椰枣与开水一起放入隔热碗中，放置 1 小时，软化椰枣。

❷ 将椰枣和水一起倒入搅拌机中，加入柠檬碎，高速搅打至细滑，制成甜浆。

❸ 把糖浆倒入玻璃瓶或密封罐中，存放在冰箱里，最多可保存 2 ~ 3 周。

使用打碎的整颗柠檬或青柠

使用打碎的整颗柠檬或青柠烹调，会比用柠檬汁或青柠汁获得更多营养。如果你只使用果汁，将会损失其纤维与所有附加的营养。

以下是使用柠檬碎或青柠碎烹调时，能节省时间的好方法：把一整颗柠檬去皮打碎后，分成每份 1 小匙的分量冷冻起来（小型硅胶制冰盒是理想容器）。之后每当需要时，就可以从冰箱拿一块出来用了！

香辣复合调料

分量: 约 1/2 杯 · **难易度:** 简单

　　我常备这种混合调味料,替代盐来增添菜肴的风味。

营养酵母 *…2 大匙

洋葱粉…1 大匙

干欧芹…1 大匙

干罗勒…1 大匙

干百里香…2 小匙

大蒜粉…2 小匙

芥末粉…2 小匙

红椒粉…2 小匙

姜黄粉…1/2 小匙

香芹籽…1/2 小匙

❶ 把所有材料放进香料研磨机或搅拌机里混合均匀,并将其打碎。

❷ 将打碎混合后的材料倒入调料瓶或密封罐中,并置放在干燥阴凉处。

---

* 建议克隆氏症(Crohn's disease)与化脓性汗腺炎(hidradenitis suppurativa)患者避免食用营养酵母。

坚果帕马森"干酪"

分量: 约 1 1/2 杯 · **难易度:** 简单

　　想要增加干酪风味,就在菜肴上撒点坚果帕马森"干酪"吧!例如比萨、谷物类料理、沙拉,以及爆米花或羽衣甘蓝脆片等小点心。

杏仁…1/2 杯

巴西坚果…1/2 杯

营养酵母…1/2 杯

香辣复合调料(做法见 P4)…2 小匙

❶ 将所有材料放入食物处理机,搅打至其呈细粉状。

❷ 把打好的细粉放入有盖容器或调料瓶内冷藏保存。

举一反三
可用不同类型的坚果替代杏仁或巴西坚果。

鲜味酱

分量：约 $1\frac{1}{4}$ 杯 · 难易度：简单

在煎、煮、炒、炸中用鲜味酱替代酱油来提味，可以避免摄入酱油中的钠。鲜味(umami)是 5 种基本味觉之一，然而很多人现在才知道它。这个名词是由日本的化学家池田菊苗（Kikunae Ikeda）发明的，从日文"うまい"（音 umai，意思是美味）与"味"（音 mi，意思是味道）结合而来，这是个完美的名字，因为它的确是种美味！

白味噌酱…$1\frac{1}{2}$ 小匙

水…2 大匙

蔬菜高汤（做法见 P6）…1 杯

大蒜（切末）…1 小匙

嫩姜（磨泥）…1 小匙

黑糖蜜…1 大匙

椰枣甜浆（做法见 P3）或椰枣粉…$1\frac{1}{2}$ 小匙

罐头西红柿糊…1/2 小匙

黑胡椒粉…1/2 小匙

柠檬（去皮打碎，做法见 P3）…2 小匙

米醋*…1 大匙

❶ 将白味噌酱加水，拌匀备用。

❷ 将蔬菜高汤倒入小汤锅用中火加热后，加入大蒜末与嫩姜泥，炖煮 3 分钟。

❸ 再加入黑糖蜜、椰枣甜浆、西红柿糊与黑胡椒粉，搅拌至煮沸后转小火，继续煮 1 分钟关火。

❹ 再加入稀释的白味噌酱、柠檬碎与米醋搅拌均匀，并依个人喜好调味。

❺ 放凉后倒入密封罐（瓶），或倒入制冰盒里冷冻成小分量来保存。

---

* 醋是绿灯食物中相当出色的调味品，因为它所含的醋酸对健康有益。

烤大蒜

分量：约 *3* 大匙（整个蒜球）· 难易度：简单

　　烤大蒜很容易做，并且能为菜肴添加超乎想象的风味，也是吐司或三明治的良伴。

蒜球…1 整个（或更多）

❶ 将烤箱预热至 200℃。用锋利的刀子切除蒜球头部，让蒜瓣顶部露出。并用烘焙纸包住蒜球头部，或将蒜球切面朝上放入有盖的小烤盅后，放进烤箱中（若要一次烤多个蒜球，宜在有盖的烤盅中把它们排好，切面朝上，或者把它们分别放进马芬烤盘的个别洞里，再用烤盘反盖），烘烤 35 ~ 45 分钟，烤到蒜瓣变软呈金黄色即可。

❷ 将烤好的蒜球从烤箱中取出后，掀开盖子，待蒜球冷却后，再轻轻挤压每个蒜瓣，将之推出到小碗里。（若蒜瓣烤得不够软且金黄，就必须重新用烘焙纸覆盖或包裹，再多烤几分钟。）

❸ 做好的蒜瓣可立即享用，亦可装进密封罐里冷藏保存。

大蒜

康奈尔大学的一项研究指出，大蒜是能够抑制脑癌、肺炎、胰腺癌、前列腺癌及胃癌细胞生长的冠军食物。[102]

蔬菜高汤

分量：约 *6* 杯 · 难易度：简单

　　在任何含有无盐蔬菜高汤的食谱中，均可使用这道高汤。

洋葱（中等大小，切大块）…1 个

胡萝卜（切成 2.5 厘米的大丁）…1 根

西芹梗（切大段）…2 根

大蒜（压碎成泥）…3 瓣

干香菇…2 朵

新鲜欧芹（切为粗碎粒）…1/3 杯

黑胡椒粉…1/2 小匙

白味噌酱…2 大匙

香辣复合调料（做法见 P4）…适量

水…8 杯

❶ 将 1 杯水倒入大锅里，以中火加热，加入洋葱块、胡萝卜丁、西芹段与大蒜泥，煮 5 分钟。

❷ 放入干香菇、欧芹碎与黑胡椒粉拌匀，加入 7 杯水煮沸后转小火炖煮 1.5 小时。待放凉后，倒入搅拌机，高速搅打至细滑，即为高汤。

❸ 将打好的高汤倒回锅中，再把约 1/3 杯的高汤舀进小碗或杯子里，加入白味噌酱拌匀后，倒回高汤里，依口味酌量加入香辣复合调料。

❹ 将高汤放凉后，分装进密闭容器中，可冷藏 5 天、冷冻 3 个月。

注意
若没有时间制作高汤，也可以在有机商店或网上购买无盐蔬菜高汤或无盐蔬菜高汤块。

田园沙拉酱

分量：约1/2杯 · 难易度：简单

这款酱料香味浓郁，不仅适合拌沙拉，也可以作为辣菜花（做法见 P183 ）的蘸酱、凉拌生菜酱来食用，或者加进任何你想提味的料理中。

生腰果（浸泡 3 小时并沥干）…1/2 杯

烤大蒜（做法见 P6）…2 瓣

杏仁奶（做法见 P2）…1/2 杯

米醋…2 大匙

柠檬（去皮打碎，做法见 P3）…2 小匙

红洋葱（切碎）…1 大匙

香辣复合调料（做法见 P4）…2 小匙

白味噌酱…1 小匙

椰枣粉…3/4 小匙

新鲜欧芹（切末）…1 大匙

新鲜莳萝（切末）…1 小匙，或干莳萝…1/2 小匙

❶ 将除了欧芹末和莳萝末外的材料放入搅拌机中，高速搅打至细滑后，将酱汁倒入碗中，加入欧芹末和莳萝末搅拌均匀，必要时可依口味酌量添加个人喜爱的调味料。（注意：放置时间越久，味道会越强烈。）

❷ 将制好的酱料加盖后冷藏至少 1 小时，让味道有足够的时间酝酿，享用前宜先搅拌或摇匀。

味噌：大豆与钠

等一下，味噌的钠含量不是很高吗？一碗味噌汤里的钠含量可能高达美国心脏协会（American Heart Association）所建议每日摄取量上限的一半，这就是为什么当我在菜单上看到它时，会反射性地避开。但是在仔细了解后，我对于所发现的事实感到惊讶。

避免吃盐的主要原因有两个：胃癌和高血压。然而事实证明，味噌中大豆的抗癌及抗高血压的好处，很可能足以抵消盐的不良影响。

椰枣香酯醋酱

分量：约*1*杯 · 难易度：**简单**

这款浓郁酱汁可淋在镶红薯上（做法见P176），也可加在你最喜欢的烤蔬菜、谷物类料理或沙拉中，以及西瓜、草莓之类的水果里。

椰枣（去核）…1/2 杯

温水…3/4 杯

香酯醋*…1/2 杯

❶ 将椰枣浸泡在温水中约 10 分钟，待软化后，把椰枣与泡椰枣的温水一起倒入搅拌机，并加入香酯醋，搅打至细滑。

❷ 将其倒入小汤锅中，煮沸后转小火持续搅拌，直至酱汁呈现浓稠状即可。

椰枣

在我的成长过程中，从来没喜欢过椰枣。我以为它们很干，咀嚼起来还有点像蜡，但后来我发现椰枣里也有一些柔软、饱满且湿润的品种，吃起来不像我记忆中那样粉粉的。我最喜欢的巴里椰枣（Bahri dates）湿湿黏黏的，冷冻后会有焦糖糖果的味道和口感。此外，椰枣也是种健康食物：2009 年的一项研究发现，每天吃 4 ～ 5 个椰枣干，可以提高血液的抗氧化能力，同时降低血液中的甘油三酯含量。[103]

健康辣酱

分量：约*2*杯 · 难易度：**简单**

大部分的瓶装辣酱都含有过多的钠。好消息是，自己做辣酱并不难——而且你可以不必加盐！

新鲜红椒（单一种类或多种皆可，去梗后纵向切半，去籽切末）…340 克

洋葱（切碎）…1/2 杯

大蒜（切末）…1 大匙

苹果醋…1/2 ～ 1 杯

水…2 杯

❶ 将红椒末、洋葱碎、大蒜末和 1/4 杯水放入汤锅，以大火加热，搅拌 2 ～ 3 分钟后调至中大火，再加入 $1\frac{3}{4}$ 杯水继续煮 15 ～ 20 分钟，并不时搅拌，直至红椒变软后关火放凉。

❷ 将步骤 1 的成品倒入食物处理机中，搅打至细滑，再加入 1/2 杯苹果醋搅打均匀，可依口味酌量增减苹果醋。

❸ 把完成的辣酱倒入干净密封玻璃瓶或玻璃罐中，可冷藏保存长达 6 个月。

注意
处理辣椒时，务必戴上塑料手套，并避免触摸眼睛。

* 香酯醋（balsamic vinegar），一种在木桶中酿制的意大利甜醋，呈黑色。

哈里萨辣酱

分量：约 $1^1/_2$ 杯 · 难易度：简单

哈里萨辣酱具有独特香味，常用于北非与中东料理。这种酱料通常是用辣椒、大蒜、橄榄油与许多香料（如藏茴香、香菜籽、小茴香与番红花等）所制成的，但成分会根据个人喜好而有所不同。哈里萨辣酱被称为突尼斯的国酱，当地大多数的料理似乎都含有这种酱。在美国，你可以在许多超市找到较不健康版本的罐装哈里萨辣酱，因此我在这里写出制作方法，希望你能够自己制作并享受健康版本的哈里萨辣酱。

干辣椒（去籽并切成小块，或依个人喜好处理）…1/3 杯

香菜籽…1 大匙

藏茴香籽…2 小匙

小茴香籽…1 小匙

烤红椒（自制或购买）…2 个

大蒜（切碎）…3 瓣

营养酵母…1 大匙

白味噌酱…2 小匙

香辣复合调料（做法见 P4）…适量

❶ 将干辣椒放入隔热碗中，加开水盖过辣椒，静置 30 分钟后沥干。

❷ 将香菜籽、藏茴香籽与小茴香籽放入小煎锅中，以小火翻炒约 30 秒，直至香味散出后，倒入食物处理机。

❸ 在食物处理机中加入沥干的辣椒块、烤红椒、大蒜碎、营养酵母、白味噌酱，以及香辣复合调料，搅打至细滑即可。（最多可再加入 1/4 杯水，以调整酱料的细滑度和浓稠度。）

烤红椒

将红椒直接用烤钳夹在炉火上烤，直到每一面的表皮都变黑。也可以把红椒放在上火烤炉里烤，且持续翻面，直到表皮全部变黑。将烤黑的红椒放入碗中并盖紧，静置 10 分钟放凉后，去除变黑的表皮和种子，并依食谱指示操作。如果不想自己烤红椒，亦可在超市购买罐装的。

2
TWO

早餐

本章提供了许多方法，让你能够以好的方式开始新的一天——
即使在那些有起床气的日子里，也能带给你好的开始。
我个人喜欢把全谷物当成早餐必备的一部分，
不论是燕麦片（搭配莓果或巧克力）还是早餐谷物碗，都是健康的选择。
当我跟家人一起用餐时，
我们最爱的早餐有法式吐司佐莓果酱、烤墨西哥卷饼及红薯杂烩。
（假如你喜欢果昔，可参阅从P204开始的饮料篇。）

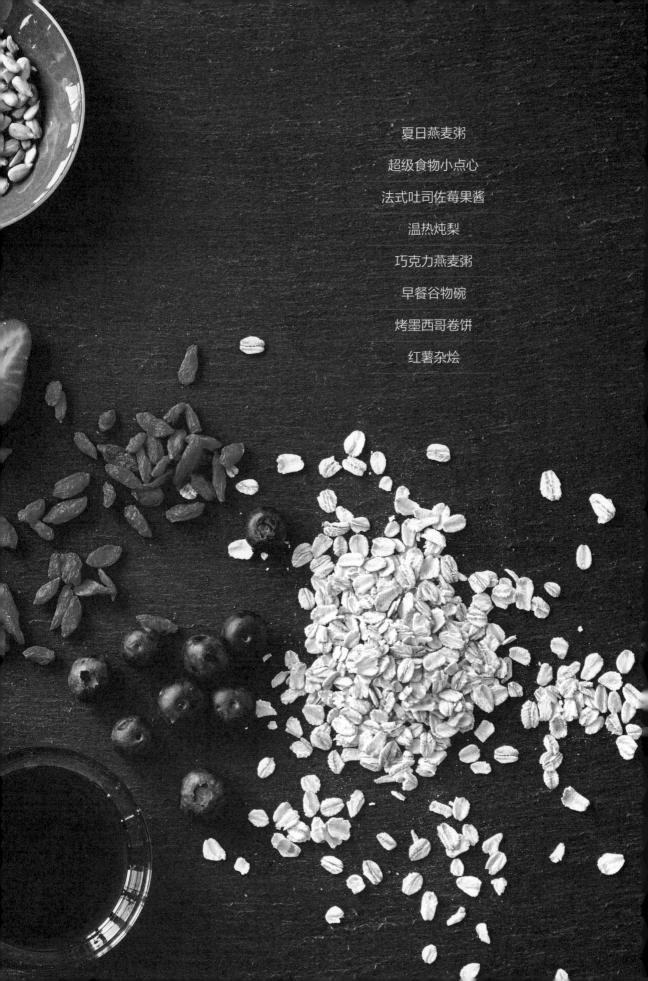

夏日燕麦粥

分量: **2**份（1¹/₂ 杯）· 难易度: **简单**

有些人认为燕麦片就是要热热地吃，只适合秋冬季节。但不论什么季节，我整年都爱燕麦粥！在我们家，这种版本被称为夏日燕麦粥，因为即使在闷热的天气里，用这种方式也能享用清凉爽口的燕麦片。只要在前一晚准备好，把所有的好东西都装进罐子里，隔天一早就有快速简单的早餐可以享用了！

传统燕麦片…1 杯

奇亚籽…1 大匙

亚麻籽粉…1 大匙

肉桂粉…1/2 小匙

杏仁奶（做法见 P2）…1³/₄ 杯

椰枣甜浆（做法见 P3）…2 大匙

香草荚（对切并刮出香草籽）…1 根
（5～7.5 厘米），或天然香草精…1
小匙

新鲜或冷冻的蓝莓或草莓…2/3 杯

❶ 将所有材料放入中型碗中拌匀后，舀进两个 600ml 的密封罐或可盖紧的碗中。

❷ 放入冰箱冷藏，隔夜即可取出，拿出香草荚后即可享用。

让早餐包含最多营养

想要用包含"每日饮食十二清单"中 5 样食物的早餐开始新的一天吗？那就把莓果、亚麻籽、坚果和香料都加进燕麦粥里。若想要一杯包含 6 样以上清单食物的果昔，那就用莓果、其他水果、绿叶菜、亚麻籽和香料打成一杯解渴的饮料吧！（做法见 P210 与 P216。）

"每日饮食十二清单"中的食物

√ 莓果　√ 其他水果　√ 亚麻籽　√ 坚果与种子　√ 全谷物

超级食物小点心

分量：直径约 2.5 厘米，共 *24* 个，4 ~ 6 份 · 难易度：*简单*

将这些美味的小点心存放在冰箱里，可作为随时带走的早餐，或者运动后能补充能量的点心。

椰枣（去核，浸泡热水 20 分钟后沥干）…
3/4 杯

生核桃、山核桃或腰果…3/4 杯

蔓越莓干、杏干、苹果干或其他水果干（视需要可切碎）…3/4 杯

葵花子…1/4 杯

枸杞子或伏牛花*…2 大匙

奇亚籽或大麻仁（去壳大麻籽）…2 大匙

亚麻籽粉…2 大匙

香草荚（对切并刮出香草籽）…1 根
（2.5 ~ 3.7 厘米），或天然香草精…
1/2 小匙

肉桂粉…1/4 小匙

---

* 伏牛花为带尖刺的小型灌木，具有鲜艳的红色小果实，常作为庭院观赏植物。

❶ 将沥干的椰枣和坚果放入食物处理机中，搅打至坚果呈细粉状且与椰枣混合后，加入其余材料，继续搅打至黏稠混合状。

❷ 若搅打后太干无黏稠感，可用每次加入 1 大匙水的方式不断调整；若太湿，则可加些亚麻籽粉或生燕麦片。

❸ 取满满 1 大匙混合物放在两掌间来回滚动，搓出直径约 2.5 厘米的圆球，置于盘中。

❹ 重复上述动作，待皆搓成圆球后，用铝箔纸或烘焙纸覆盖盘子，冷藏 4 小时即可享用（亦须冷藏保存）。

亚麻籽

一项研究结果显示，亚麻籽是"饮食干预中有史以来降血压最有成效的食物之一"。[104] 每天只要吃几大匙，降血压的效果似乎比进行有氧耐力训练还好上两三倍。[105]（但这并不代表你不能两样都做！）另一项研究发现，在餐点上撒几匙亚麻籽粉，则可降低罹患乳腺癌的风险。[106]

"每日饮食十二清单"中的食物

√ 莓果　　√ 其他水果　　√ 亚麻籽　　√ 坚果与种子　　√ 香草与香料

法式吐司佐莓果酱

分量: *4*份 · 难易度: 简单

这道早餐一口气包办了"每日饮食十二清单"中的 6 项食物,而姜黄为这道早餐增添了温暖的金黄色泽。

莓果酱

新鲜或解冻的莓果(种类可依喜好选择)···1 杯

椰枣甜浆···1 ~ 2 大匙(做法见 P3)

法式吐司

亚麻籽粉···2 大匙

温水···1/4 杯

杏仁奶···$1\frac{1}{4}$ 杯(做法见 P2)

椰枣粉···1 大匙

香草荚(对切并刮出香草籽)···1 根 (2.5 ~ 3.7 厘米),或天然香草精··· 1/2 小匙

新鲜姜黄(磨泥)···1 段(约0.6厘米),或姜黄粉···1/4 小匙

肉桂粉···1/4 小匙

100% 全麦无盐面包···8 片

莓果酱:

将莓果与椰枣甜浆放入搅拌机中,搅打至细滑后倒入小壶或碗中备用。

法式吐司:

❶ 将亚麻籽粉与温水搅打均匀,制成亚麻籽粉水,然后和杏仁奶、椰枣粉、香草荚、姜黄泥与肉桂粉一起放入搅拌机中,搅打成面糊。

❷ 把面糊倒入浅碗中,将不粘煎锅以中大火预热。分别把面包片两面都蘸上面糊后,放进煎锅中,中间翻面一次,煎至两面金黄。

❸ 料理完成前,将煎好的法式吐司放入烤箱中,以最低温度保温。上桌前,将法式吐司摆于盘中,淋上莓果酱即可。

"每日饮食十二清单"中的食物

√ 莓果　√ 其他水果　√ 亚麻籽　√ 坚果与种子　√ 香草与香料　√ 全谷物

温热炖梨

分量：*4*份（每份1/2杯）· 难易度：**简单**

这道吸引人的炖水果不仅是可口的点心或零食，也是燕麦粥、法式吐司或松饼的绝配。

椰枣粉…2 大匙

柠檬（去皮打碎，做法见 P3）…2 小匙

葡萄干…2 大匙

香草荚（对切并刮出香草籽）…1 根（5～7.5厘米），或天然香草精…1 小匙

肉桂粉…1 小匙

姜粉…1/4 小匙

肉豆蔻…1/3 小匙

新鲜姜黄（磨泥）…1 段（约0.6厘米），或姜黄粉…1/4 小匙

成熟的梨（去核并切成适口大小的块）…4～5 个

水…1/2 杯

❶ 将除了梨外的材料放入汤锅中，并加水搅拌均匀。

❷ 加入梨块，用小火炖煮 15～20 分钟至梨块变软、且汤汁变少即可趁温热享用。

举一反三
梨亦可用切块的苹果、桃子或李子替代。

"每日饮食十二清单"中的食物

√ 其他水果　√ 香草与香料

巧克力燕麦粥

分量：**4**份（每份1杯）· 难易度：**简单**

在这道食谱上发挥创意吧！你可以混搭自己喜欢的配料，比如新鲜莓果和其他水果、碎坚果、杏仁酱或花生酱等。

传统燕麦片…1¹⁄₂ 杯

无糖可可粉…3 ~ 4 大匙

肉桂粉…1/2 小匙

切碎的无花果干、枸杞子或伏牛花…2 大匙

亚麻籽粉…1 大匙

南瓜子…1 大匙

葡萄干…2 大匙（可省略）

椰枣甜浆（做法见 P3）…2 大匙

水…3 杯

❶ 将水加入汤锅中煮沸，加入燕麦片、可可粉与肉桂粉拌匀后转小火，加入无花果干碎，并加盖炖煮5分钟（期间宜不时搅拌）。

❷ 待关火后，再加入亚麻籽粉与南瓜子拌匀，并盖上盖子，静置2分钟。

❸ 将适量燕麦粥舀进碗里，撒上葡萄干并淋上椰枣甜浆即可享用。

"每日饮食十二清单"中的食物

√ 莓果　√ 其他水果　√ 亚麻籽　√ 坚果与种子　√ 香草与香料　√ 全谷物

早餐谷物碗

分量: *4份* · **难易度:** *简单*

用吃剩的熟谷物开始新的一天,是又好又快的方法!假如没有剩下的谷物,可以在前一天煮一锅你最喜欢的谷物,如此一来,就能用好东西迅速开始你的一天了!

煮熟的全谷物(糙米、藜麦、中东小麦伏利卡*或燕麦)···3 杯

煮熟的白腰豆(捣成泥)···3/4 杯

杏仁奶(做法见 P2)···2 杯

亚麻籽粉···3 大匙

新鲜姜黄(磨泥)···1 段(约 2.5 厘米),或姜黄粉···1 小匙

新鲜的姜(磨泥)···1 小匙(可省略)

新鲜或解冻的莓果···1 杯

香蕉(去皮切片)···1 根

椰枣甜浆(做法见 P3)···4 大匙(可省略)

❶ 将煮熟的全谷物、白腰豆泥、杏仁奶、亚麻籽粉、姜黄泥和姜泥放进可用微波炉加热的碗里拌匀后,用微波炉加热 2 ~ 3 分钟。

❷ 将加热好的混合物分成 4 碗,每碗放入 1/4 杯莓果与 1/4 的香蕉片,淋上 1 大匙椰枣甜浆后即可享用。

---

* 将未完全成熟的绿色杜兰小麦植株经烤制和摩擦后制成的谷物食品。

"每日饮食十二清单"中的食物

√ 豆类　√ 莓果　√ 其他水果　√ 亚麻籽　√ 香草与香料　√ 全谷物

烤墨西哥卷饼

分量: *4*份 · **难易度:** *中等*

　　烤红薯是我最喜欢的食物之一，不论是直接吃、加调味料吃，或者像这道料理一样加进菜肴里都不错。为了节省时间，我喜欢多烤一些备用，或者在需要时，用微波炉快速地"烤"一个。

红洋葱（切碎）…1/2 杯

橘色或红色甜椒（切细碎）…1 个

菠菜、红叶甜菜或红羽衣甘蓝（切碎）…6 杯

香辣复合调料（做法见 P4）…1 小匙

辣椒粉…1 小匙

小茴香粉…1/2 小匙

干牛至…1/2 小匙

夏日莎莎酱（做法见 P41）或无盐莎莎酱…2 杯

煮熟的黑豆…1¹⁄₂ 杯，或不含双酚 A 的罐头或利乐包*的无盐黑豆（冲洗并沥干）…1 罐（440 克）

烤红薯（捣成泥）…1 个

新鲜香菜叶（切末）…2 大匙

营养酵母…2 大匙

100% 全麦无盐墨西哥薄饼…4 片

南瓜子（磨成粗粒）…1/4 杯

熟牛油果（切丁）…1 个（可省略）

新鲜墨西哥辣椒（切碎）…1 个（可省略）

水…1/4 杯

❶ 烤箱预热至 175℃，将红洋葱碎与甜椒碎放入汤锅中，加入水，以中火炖煮 5 分钟至软后，加入菠菜碎搅拌至软且水分蒸发。

❷ 加入香辣复合调料、辣椒粉、小茴香粉、干牛至及 1/4 杯的夏日莎莎酱，拌匀后关火。

❸ 将黑豆放入大碗里捣成泥，然后加入步骤 2 所制成的酱料中拌匀，即成黑豆馅。

❹ 把红薯泥、香菜末、营养酵母和 1/4 杯莎莎酱放在另一个碗中，拌匀成红薯馅。

❺ 将 3/4 杯莎莎酱舀进 23 厘米 ×33 厘米的烤盘中，涂抹均匀备用。

❻ 将步骤 4 中的红薯馅舀 1/4 放在每片墨西哥薄饼中央，并加入 1/4 步骤 3 中的黑豆馅，再把薄饼卷起、接合面朝下，放入步骤 5 的烤盘里。

❼ 将剩下的 3/4 杯莎莎酱均匀地涂在卷饼上，撒上南瓜子粒，加盖放入烤箱烤 20 ~ 30 分钟即可取出，配上牛油果丁与墨西哥辣椒碎享用。

＊ 利乐包属无菌包装，不会受到细菌及其他微生物的污染，所以食品的保存期限非常长。

"每日饮食十二清单"中的食物

√ 豆类　　√ 绿叶菜　　√ 其他蔬菜　　√ 坚果与种子　　√ 香草与香料　　√ 全谷物

红薯杂烩

分量：*4*份（每份1³/₄杯）· 难易度：*简单*

虽然这道料理被放在早餐篇中，但在任何时候都会大受欢迎！事先准备好香辣复合调料与鲜味酱，可以帮你省下不少准备时间。再者，让我们来谈谈香料部分，由于我钟爱辛辣食物，但也知道有些人不喜欢，因此请随喜好省略卡宴辣椒*（或一般的红椒），另外，如果想要更热辣一点的口感，也别客气，尽管在食用时加入些健康辣酱（做法见P8）吧！

中型红薯（去皮切块）…1个

菜花（切块）…2杯

小型红洋葱（切碎）…1个

红椒（切碎）…1个

蘑菇（切大块）…225克

煮熟的黑豆或红豆…1¹/₂杯，或不含双酚A的罐头或利乐包的无盐黑豆或红豆（冲洗并沥干）…1罐（440克）

香辣复合调料（做法见P4）…2～3小匙

卡宴辣椒或红椒片…1/4小匙或适量

鲜味酱（做法见P5）…3～4大匙

水…2大匙

❶ 烤箱预热至220℃，并在烤盘上铺入硅胶烤垫或烘焙纸，将红薯块均匀铺平，放进烤箱烤10分钟后，加入菜花，继续烤约20分钟，直至红薯与菜花变软，取出备用。

❷ 将水加入煎锅里，以中火加热，加入红洋葱碎并加盖，炖煮约5分钟至红洋葱软后，加入红椒碎与蘑菇块，并以不加盖、不断搅拌的方式炖煮约5分钟至食材变软。

❸ 再加入豆子、香辣复合调料、卡宴辣椒及步骤1的烤红薯与烤菜花，继续煮5分钟至熟透。如需要，可用锅铲稍把食材压碎，淋上鲜味酱后趁热享用。

举一反三
可用西葫芦或其他蔬菜替代菜花。

*卡宴辣椒（cayenne），美国的一种红色小辣椒，辣度较高，最广泛的用途是制干后磨成卡宴辣椒粉。

"每日饮食十二清单"中的食物

√ 豆类　√ 十字花科蔬菜　√ 其他蔬菜　√ 香草与香料

3
THREE

点心、蘸酱与抹酱

本章的食谱

是我在感觉有点饿，想要吃点轻食或餐间点心时，

一直很喜欢的一些料理。

在旅行途中（路上或飞机上），

我通常都会随身带些干酪羽衣甘蓝脆片或烟熏烤鹰嘴豆。

注意到了吗？对我而言，方便跟饮食健康（与美味）几乎一样重要，

这就是为什么我非常喜欢这章里所介绍的蘸酱与抹酱的原因：

每一样都能抹在三种种子饼干、全麦面包或生的蔬菜上。

朝鲜蓟菠菜蘸酱

分量：*6*份（每份1/2杯）· 难易度：简单

朝鲜蓟中氧化剂的含量很高，但考虑到从整颗朝鲜蓟开始料理太过复杂，通常我会购买朝鲜蓟心，而它与许多食物都很搭，包括菠菜。

新鲜或解冻的菠菜（煮熟后放凉）…255 ~ 285 克

熟白豆（冲洗并沥干）…1 杯

营养酵母…2 大匙

青葱（切末）…2 大匙

大蒜（切末）…1 瓣

柠檬（去皮打碎，做法见 P3）…2 小匙

白味噌酱…2 小匙

黑胡椒粉…1/4 小匙

香辣复合调料（做法见 P4）…适量

罐装朝鲜蓟心（沥干）…1 罐（400克），或冷冻朝鲜蓟（煮熟并放凉）…1 包（285 克）

三种种子饼干（做法见 P34）、全麦小圆面包、全麦饼干或生的蔬菜…适量

水…2 大匙

❶ 烤箱预热至 180℃，将煮熟放凉的菠菜挤干多余水分后备用。

❷ 把水、熟白豆、营养酵母、青葱末、大蒜末、柠檬碎、白味噌酱、黑胡椒粉及香辣复合调料放入食物处理机，搅打至均匀细滑（若想有鲜奶油般的质地，可用每次加入 1 大匙水的方式调整稠度）。

❸ 再依序分别加入朝鲜蓟心、做法 1 中的菠菜，搅打至碎。

❹ 将步骤 3 中的混合物倒进烤盘中，烤 12 ~ 15 分钟至温热，即可用全麦小圆面包、全麦饼干或生的蔬菜蘸取享用。

举一反三
加入杏仁奶（做法见 P2）或蔬菜高汤（做法见 P6）稀释后，可作为意大利面酱使用。

做个烹饪探险家

有时不妨试着在烹饪上拓宽视野，跳出我们常规的享用蘸酱与抹酱的方式吧！何不将其中一种（或数种）酱加进甘蓝叶卷里呢？或者把它变成意大利面酱？你可以把最喜欢的蘸酱或抹酱用杏仁奶（做法见 P2）或蔬菜高汤（做法见 P6）稀释后，跟煮好的全麦意大利面搅拌在一起，也可以把蘸酱或抹酱跟谷类混合后，作为甜椒或其他蔬菜的美味填料。在思考如何把这些料理整合进菜单时，其实有无限的可能性，所以请不要自我设限！

"每日饮食十二清单"中的食物

√豆类　√绿叶菜　√其他蔬菜　√香草与香料

柠檬鹰嘴豆泥酱

分量: 约 *2* 杯 · 难易度: *简单*

鹰嘴豆泥是生菜蘸酱的绝佳选择，也是羽衣甘蓝和三明治的绝配抹酱……但是你知道它跟全麦意大利面搭配也很美味吗？（我承认，当直接把酱放在面上时，就迫不及待地想吞了它！）

大蒜（压碎）…2 瓣

柠檬（去皮打碎，做法见 P3）…1 大匙

芝麻酱…1/4 杯

白味噌酱…1 小匙

煮熟的鹰嘴豆…$1^1/_2$ 杯，或不含双酚 A 的罐头或利乐包的无盐鹰嘴豆（冲洗并沥干）…1 罐（440 克）

小茴香粉…1/4 小匙

烟熏红椒粉…1/4 小匙

新鲜欧芹（切碎）…2 大匙

❶ 将大蒜碎和柠檬碎放进食物处理机，搅打至细滑。

❷ 加入芝麻酱、白味噌酱搅打，再放入鹰嘴豆、小茴香粉与红椒粉，搅打数分钟至顺滑。若想要稀一点的质地，可用每次加入 1 大匙水的方式调整稠度，并依口味加入更多柠檬或小茴香。

❸ 完成后倒入碗中，撒上欧芹碎后即可享用。

举一反三
可试试以下任何一种或多种替代方式：用黑豆或白豆替代鹰嘴豆，用香菜叶或莳萝替代欧芹，以及用青柠替代柠檬。

双酚 A

双酚 A（bisphenol A，缩写为 BPA）是一种工业化学物质，自 20 世纪 50 年代以来，常用于制作各种塑料容器和金属产品的内里（包括罐头食品）。研究显示，双酚 A 可能会渗入食物中，对大脑和心脏的健康造成负面影响，还可能跟糖尿病和肥胖症有关，目前还有更多的双酚 A 研究正在进行，但目前美国并没有联邦法规限制在食物容器上使用双酚 A。

那该怎么办？许多厂商现在都致力于生产不含双酚 A 的容器，而这些容器应该都有明确标示，你也可以考虑使用如玻璃或不锈钢材质等非塑料或金属制的容器。

"每日饮食十二清单"中的食物

√豆类　√坚果与种子　√香草与香料

三种种子饼干

分量: 约 **25** 块 5.5 厘米的饼干 · 难易度: *中等*

自己做饼干比你想象的更简单（而且更有趣）。除了健康，还可根据自己喜欢的口味来制作饼干，加些不同的调味。

生南瓜子…1/2 杯

生葵花子…1/2 杯

芝麻…1/2 杯

新鲜姜黄(磨泥)…1 段(约0.6厘米)，或姜黄粉…1/4 小匙

亚麻籽粉…1/4 杯

新鲜欧芹(切末)…2 大匙

营养酵母…1 大匙

白味噌酱…1¹/₂ 小匙

洋葱粉…1/4 小匙

干罗勒、莳萝、牛至或百里香…1 小匙(可省略)

❶ 烤箱预热至 120℃。将南瓜子、葵花子、1/4 杯的芝麻和姜黄泥放进搅拌机或食物处理机，研磨成细粉。

❷ 继续加入除芝麻外的其他材料，将其搅拌混合成面团。若面团太干，可用每次加入 1 大匙水的方式调整，最多可加入 1 杯水的量。

❸ 将面团摊平在铺好硅胶烤垫或烘焙纸的烤盘上，而后盖上另一张烘焙纸，将面团用擀面杖擀成 30 厘米 ×25 厘米的长方形薄片（之后将覆盖的烘焙纸移除），并撒上剩余的 1/4 杯芝麻，轻轻将其压入面团中。

❹ 用一把利刀把面团切割出想要的饼干大小后，放入烤箱烤约 3 小时，直至表面变成浅褐色后取出。若想烤脆些，可在关火后不出炉，多放一会儿。

❺ 待饼干放凉后，即可放入密封罐中在室温下保存。

使用亚麻籽的 10 种方式

无论是买的现成的亚麻籽粉，还是自己用香料研磨机、咖啡豆研磨机或搅拌机把亚麻籽磨成粉，都可以用各种方式享用这种超级食物。

以下是几种供你参考的方式:

1. 撒在燕麦粥里。
2. 放在沙拉上。
3. 加进果昔里。
4. 作为汉堡（做法见 P88 与 P98）与面包（做法见 P156）的黏合剂。
5. 加进手工饼干里（做法如上）。
6. 加进自制能量棒里（做法见 P15）。
7. 撒在汤里。
8. 作为烘焙食品的黏合剂（做法见 P189）。
9. 撒在谷物料理上。
10. 作为酱料的增稠剂。

"每日饮食十二清单"中的食物

√ 亚麻籽 √ 坚果与种子 √ 香草与香料

南瓜子蘸酱

分量: *3* 杯 · **难易度:** *简单*

　　南瓜子啊，南瓜子！美味又营养，锌含量还很高。告诉你一个有趣的事实：男人比女人需要更多的锌。为什么？因为男性在每次射精时都会损失锌（精液中充满了锌）。事实上，男性每次射精都会损失大约 1/4 杯南瓜子的含锌量！不论你是什么性别，或者想补回多少锌，都可以用各种方式食用这种蘸酱——蘸生的蔬菜、抹三明治，或者稀释后作为意大利面酱。

无盐生南瓜子…1¼ 杯

烤大蒜（做法见 P6）…3 瓣

煮熟的白腰豆…1½ 杯，或不含双酚 A 的罐头或利乐包的无盐白腰豆（冲洗并沥干）…1 罐（440 克）

墨西哥辣椒（切末）…1 小匙或适量（可省略）

芝麻酱或杏仁酱…1 大匙

柠檬（去皮打碎，做法见 P3）…2 大匙

白味噌酱…1½ 小匙

香辣复合调料（做法见 P4）…1 小匙

烟熏红椒粉…1/2 小匙

新鲜香菜叶（切末）…3 大匙（可省略）

各类生的蔬菜（切成适当大小，用来蘸酱）…适量

水…3 大匙

❶ 烤箱预热至 120℃，在烤盘上铺入硅胶烤垫或烘焙纸后，将南瓜子均匀铺于烤盘上，放入烤箱烤 15 ~ 18 分钟直至变成浅褐色（宜不时搅拌以防烤焦）。

❷ 将烤好的南瓜子移出烤箱，静置放凉后再倒进食物处理机。

❸ 加入烤大蒜瓣、白腰豆、墨西哥辣椒末、芝麻酱、柠檬碎、白味噌酱、香辣复合调料、烟熏红椒粉及水，搅打至细滑后，倒进碗里。

❹ 依喜好撒上香菜末，即可用生的蔬菜蘸取酱汁享用。

"每日饮食十二清单"中的食物

√ 豆类　　√ 其他蔬菜　　√ 坚果与种子　　√ 香草与香料

黑眼豆与烤红椒蘸酱

分量：约 *3* 杯 · 难易度： *简单*

　　黑眼豆跟其他豆类一样，都是绝佳的营养来源，且也容易获取，在超市、五谷杂粮行及有机商店等地方，都能找到冷冻、罐头或干燥的黑眼豆。

烤红椒（做法见 P9）…2 个，或烤红椒（沥干）…1 罐（255 克）

煮熟的黑眼豆…1$\frac{1}{2}$ 杯，或不含双酚 A 的罐头或利乐包的无盐黑眼豆（冲洗并沥干）…1 罐（440 克）

大蒜（压碎成泥）…2 瓣

墨西哥辣椒（切末）…1 小匙或适量

芝麻酱…3 大匙

柠檬（去皮打碎，做法见 P3）…1 大匙

香辣复合调料（做法见 P4）…1 小匙

白味噌酱…1 小匙

烟熏红椒粉…1 小匙

各类生的蔬菜（切成适当大小，用来蘸酱）…适量

❶ 将烤红椒、黑眼豆、大蒜泥和墨西哥辣椒末放进食物处理机，搅打均匀。

❷ 加入芝麻酱、柠檬碎、香辣复合调料、白味噌酱与烟熏红椒粉，搅打至细滑后倒进碗里，即可用生的蔬菜蘸取酱汁享用。

举一反三
亦可作为烤玉米脆饼蘸酱，或作为三明治与甘蓝叶卷的抹酱。

"*每日饮食十二清单*"中的食物

√ 豆类　　√ 其他蔬菜　　√ 坚果与种子　　√ 香草与香料

毛豆牛油果酱

分量: 约 $1^1/_2$ 杯 · 难易度: **简单**

毛豆一直是我长久以来最喜欢的零食，好吃到可以不停地剥开豆荚，吃里面的豆子，仿佛永无止境。这道将毛豆加入牛油果酱中的创意料理，我认为好吃的程度不亚于水煮毛豆。其实牛油果酱的问题，在于很多人喜欢用加盐油炸的玉米脆饼蘸着吃，千万别这么做！应该用胡萝卜或甜椒条等来替代脆饼，或者像我一样，用蒸熟的芦笋蘸取享用。

冷冻去壳毛豆（解冻）…1 杯

熟牛油果（去皮去核）…1 个

青柠（去皮打碎，做法见 P3）…2 小匙

香辣复合调料（做法见 P4）…1 小匙

小茴香粉…1/4 ~ 1/3 小匙或适量

罗马西红柿 *（切碎）…1 个

新鲜香菜叶（切碎）…2 大匙

红洋葱（切末）…1 大匙

墨西哥辣椒（切末）…1 大匙（可省略）

蒸熟的芦笋或生的蔬菜（蘸酱用）…适量

❶ 将毛豆放入开水中煮约 10 ~ 12 分钟至软，捞起沥干、放凉后备用。

❷ 将放凉的毛豆、熟牛油果、青柠碎、香辣复合调料、小茴香粉放入食物处理机，搅打至细滑后倒入碗中。

❸ 放入西红柿碎、香菜碎、红洋葱末及墨西哥辣椒末混合均匀，即可作为芦笋等蔬菜的蘸酱来食用。

---

* 罗马西红柿，呈鸡蛋形，果肉厚、汁液少，常用于制作西红柿酱和西红柿膏。

"每日饮食十二清单"中的食物

√ 豆类　√ 其他水果　√ 其他蔬菜　√ 香草与香料

夏日莎莎酱

分量: 约 *3* 杯 · 难易度: *简单*

　　当新鲜西红柿大量上市时，就是自制莎莎酱的最好时机。我之所以喜欢自制莎莎酱的其中一个原因，就是能照自己的意思来特制，根据当下想吃的是什么，决定要加些辣或者少辣，多加点或完全不加香菜，也可以加入玉米、胡萝卜或其他能满足幻想和味蕾的蔬菜。

李子西红柿*（硬的，去核并切大块）…6 个

橘色或黄色甜椒（切末）…1/2 个

红洋葱（切末）…2 大匙

墨西哥辣椒或其他小型辣椒（去籽并切末）…1 个

青柠（去皮打碎，做法见P3）…2 小匙

新鲜香菜叶（切末）…2 大匙

新鲜欧芹（切末）…2 大匙

香辣复合调料（做法见P4）…适量

❶ 将所有材料放进碗里，依口味酌量加入香辣复合调料，拌匀后盖上盖子，在室温下静置 1 小时后即可享用。

❷ 若没有立即享用，应冷藏放置，可保存 3 ~ 4 天。

水果

虽然本章中的每一道食谱都可以成为健康的零食，但请别忘记，大自然提供给我们最好的零食就是水果。丰富、便宜又健康的水果，不仅能够满足午间的饥饿感，同时也很美味，而那些认为蔬食不方便的人，大概从来没有见过苹果吧！

＊李子西红柿（plum tomato），肉质紧实，适合加工成酱汁或罐头。

"每日饮食十二清单"中的食物

√ 其他蔬菜　　√ 香草与香料

干酪羽衣甘蓝脆片

分量: *4*杯（每份 1¼ 杯）· **难易度:** *中等*

用这种方法来吃绿叶菜真是太棒了！羽衣甘蓝是最早被栽种的甘蓝菜之一，很容易生长，并且富含绿叶菜所具有的营养物质。我亲爱的朋友艾西（卡德维尔·艾索斯顿医生）每天都尽可能多地吃羽衣甘蓝和其他绿叶菜。因此在本书中，将会看到在许多食谱中都包含了羽衣甘蓝——这是有充分理由的！

红羽衣甘蓝（挑掉粗梗）…1 把

生腰果（浸泡 3 小时后沥干）…1/2 杯

烤红椒（自制或购买，做法见 P9）…1/2 杯

营养酵母…3 大匙

米醋…1 小匙

白味噌酱…1 小匙

新鲜姜黄（磨泥）…1 段（约 0.6 厘米），或姜黄粉…1/4 小匙

烟熏红椒粉…1 小匙

水…2 大匙

❶ 将红羽衣甘蓝菜叶彻底洗净后，把大片的菜叶撕或切成 5 厘米大小，放进蔬菜脱水器中去除水分，或用干净纸巾拭干后放进大碗里。将烤箱预热至 180℃，两个大烤盘铺入硅胶烤垫备用。

❷ 将其余食材和水倒入食物处理机或搅拌机中，高速搅打至细滑浓稠。（若酱料太稠，可用每次加入 1 大匙水的方式调整稠度。）之后将酱料倒于红羽衣甘蓝叶上，轻轻翻搅至入味。

❸ 将红羽衣甘蓝叶逐一铺在烤盘上，烤 20 分钟至脆，取出放凉即可享用。（若有未脆者，可翻面再送入烤箱继续烤 2 ～ 5 分钟至脆，并不时观看以免烤焦。）。

"每日饮食十二清单"中的食物

√ 绿叶菜　√ 其他蔬菜　√ 坚果与种子　√ 香草与香料

烟熏烤鹰嘴豆

分量：约 $1\frac{1}{2}$ 杯 · 难易度：简单

这里有更多鹰嘴豆的食谱！这些富含蛋白质与纤维的小豆子们就是这么多才多艺，我对鹰嘴豆永远都不嫌腻，你应该也不会吧！

煮熟的鹰嘴豆…$1\frac{1}{2}$ 杯，或不含双酚 A 的罐头或利乐包的无盐鹰嘴豆（充分冲洗、沥干，并用布或纸巾尽可能吸干、去除松脱的表皮）…1 罐（约 440 克）

椰枣甜浆（做法见 P3）…1 大匙

营养酵母…1 大匙

白味噌酱…2 小匙

烟熏红椒粉…$1\frac{1}{2}$ 小匙

洋葱粉…1/4 小匙

香辣复合调料（做法见 P4）…1/2 小匙

水…2 大匙

❶ 烤箱预热至 180℃，并在烤盘上铺入硅胶烤垫或烘焙纸备用。

❷ 除鹰嘴豆外，将其余食材全部放入中型碗内混合，再加入鹰嘴豆拌匀。

❸ 将鹰嘴豆以均匀不重叠的方式平铺在烤盘上，放入烤箱烤 30 ~ 35 分钟，并每 8 ~ 10 分钟搅拌一次，直至鹰嘴豆呈浅褐色并变脆。

❹ 烤好后撒上香辣复合调料即可享用。（记住，当天制作的最好吃。）

爆米花

一直以来我最喜欢的零食之一，就是加了营养酵母的爆米花。营养酵母是一种非活性酵母（意思是它不会像用来烘焙的酵母一样繁殖生长），有着像干酪与坚果一样的味道（跟啤酒酵母不同，啤酒酵母是啤酒工业副产品，口感不佳）。

其实我真希望它有个更好的名字。在命名营养酵母的时候，不知道是谁称它为"aquafaba"？在新西兰，营养酵母被称为"Brufax"，我不知道这个名字是否更糟，而熟悉营养酵母的人称它为"nooch"。好吧！这个名字还挺可爱的。

"每日饮食十二清单"中的食物

√ 坚果与种子　　√ 香草与香料

FOUR

汤品

汤品是抚慰人心的最佳料理，
它带来温暖和满足，也是将许多美味食材结合在一起的好方法。
本章我们会从丰盛的豆类汤和蔬菜汤开始，
再扩展到亚洲风味的汤品。

羽衣甘蓝白腰豆汤

分量: 约2杯 · 难易度: 简单

羽衣甘蓝，羽衣甘蓝，以及更多的羽衣甘蓝！我似乎觉得永远都不够，但如果你想，也可以根据喜好用不同的绿叶菜替代这道料理中的羽衣甘蓝。我认为用叶甜菜也会很美味！

蔬菜高汤（做法见P6）…6 杯

大型红洋葱（切碎）…1 个

大蒜（切末）…3 ~ 4 瓣

中型红薯（切成约1.3厘米的丁状）…1 个

新鲜红羽衣甘蓝（切碎）…5 杯

红椒片…1/4 小匙（或者更多……更多更多，如果你跟我一样喜欢吃辣）

月桂叶…2 片

煮熟的白腰豆…$1^1/_2$ 杯，或不含双酚 A 的罐头或利乐包的无盐白腰豆（冲洗并沥干）…1 罐（440克）

白味噌酱…1 小匙

营养酵母…2 大匙

新鲜欧芹（切碎）…2 大匙

新鲜马郁兰或牛至…1 小匙，或干马郁兰或牛至…1/2 小匙

香辣复合调料（做法见P4）…2 小匙或适量

❶ 将 1 杯蔬菜高汤倒进锅里，以中火加热，加入红洋葱碎与大蒜末，炖煮5分钟后加入红薯丁、红羽衣甘蓝碎、红椒片、月桂叶及剩余的5杯蔬菜高汤拌匀，用大火煮沸后转中火。

❷ 加入白腰豆，继续煮20 ~ 30分钟至蔬菜变软后，把约 1/3 杯的汤舀进小碗或杯内，加入白味噌酱搅匀后倒回汤里。

❸ 锅中再加入营养酵母、欧芹碎、马郁兰及香辣复合调料拌匀，即可盛入碗中趁热享用。

"每日饮食十二清单"中的食物

√ 豆类　√ 绿叶菜　√ 其他蔬菜　√ 香草与香料

菠菜红藻味噌汤

分量：*4*份 · 难易度：*简单*

　　干红藻是海藻中味道比较温和的一种，因此是进入海洋蔬菜及水中绿叶菜世界很好的入门植物。海藻不仅美味，而且富含营养，其中包含了碘，是孕妇不可或缺的营养素。

　　过去我习惯从很喜欢的伊甸牌（Eden）豆类罐头中固定摄取碘，因为该公司制作豆类罐头时都会加入昆布调味，由于吃惯了这个口味，等开始自己用高压锅煮豆子后，我也习惯加点海苔一起煮。其实你可以找到各种不同口味的海苔调味品，不过我过去习惯自己实验各种调味方式，但最后采用的方式是直接吃，什么都不加。而一天两片海苔，就能提供每日所需要摄取的碘量。

干红藻（泡水3分钟后沥干）…3大匙

蔬菜高汤（做法见P6）…5杯

去壳毛豆（新鲜或解冻）…1杯

香菇（去梗切薄片）…6朵

青葱（切碎）…3根

白味噌酱…1/4杯

新鲜菠菜（切段）…4杯

香辣复合调料（做法见P4）…适量

❶ 将泡好的红藻切碎备用。

❷ 将蔬菜高汤倒进汤锅中，以大火加热煮沸，加入毛豆，转成中火炖煮5分钟后，加入香菇片与青葱碎拌匀，再炖煮5分钟后转小火。

❸ 把约1/3杯的热汤舀进小碗，加入白味噌酱搅匀后倒回汤里。

❹ 加入红藻碎、菠菜段及香辣复合调料，继续炖煮3分钟后（不煮沸）即可关火，盛入碗中趁热享用。

"每日饮食十二清单"中的食物

√ 豆类　√ 绿叶菜　√ 其他蔬菜　√ 香草与香料

亚洲辣味蔬菜汤

分量: *4* 份（每份 1 $\frac{1}{2}$ 杯）· 难易度: *简单*

如果想让这道令人赞不绝口的汤品更丰富，可在食用时加入煮好的全荞麦面条，或者放入红米饭、黑米饭或糙米饭。

蔬菜高汤（做法见 P6）…5 杯

香茅（压碎）…1 根（约 10 厘米）

嫩姜（磨泥）…4 大匙

大蒜（切末）…1 瓣

香菇（去梗切片）…2 杯

红葱头（纵向切成细丝）…2 个

青江菜或大白菜（切成薄片）…2 杯

胡萝卜（刨丝）…1 杯

青葱（切碎）…3 根

青柠（去皮打碎，做法见 P3）…2 小匙或适量

葡萄西红柿（切半）…4 个

健康辣酱（做法见 P8）…1 小匙或适量

香辣复合调料（做法见 P4）…2 小匙或适量

新鲜九层塔或香菜叶（切碎）…2 大匙

❶ 将蔬菜高汤、香茅碎、嫩姜泥、大蒜末放入锅里煮沸后，转小火炖煮 20 分钟，取出香茅碎，然后再煮沸。

❷ 锅中加入香菇片、红葱头丝、青江菜片及胡萝卜丝，转小火煮 3 分钟。

❸ 再加进青葱碎、青柠碎、葡萄西红柿、健康辣酱及香辣复合调料拌匀，炖煮 2 分钟后，用九层塔或香菜叶装饰，即可趁热享用。

"每日饮食十二清单"中的食物

√ 十字花科蔬菜　√ 其他蔬菜　√ 香草与香料

蔬菜红腰豆秋葵浓汤

分量: *4*份（每份 $1^3/_4$ 杯）· 难易度: *简单*

有些人非常依赖秋葵，但有些人巴不得世界上没有这种蔬菜，假如你不是很喜欢秋葵，可以在这道丰盛的汤品里去掉它，只要多加点西葫芦或四季豆就可以了！但秋葵中富含降低胆固醇的可溶性纤维，因此我鼓励你，在坚决不吃前，不妨再试一下！

蔬菜高汤（做法见 P6）或水…6 杯

中型红洋葱（切碎）…1 个

青椒（去籽并切碎）…1 个

西芹（切末）…1/2 杯

大蒜（切末）…2 ~ 3 瓣

不含双酚 A 的罐头或利乐包的无盐西红柿丁（不用沥干）…1 罐（410 克）

秋葵（新鲜或解冻，切片）…$1^1/_2$ 杯

西葫芦（切丁）或四季豆（切段）…1 杯

新鲜百里香…3 小匙，或干百里香…1 小匙

干马郁兰或牛至…1 小匙，或新鲜马郁兰或牛至…3 小匙

烟熏红椒粉…1 小匙

无盐纽奥良综合香料…2 小匙（可省略）

煮熟的红腰豆或黑眼豆…$1^1/_2$ 杯，或不含双酚 A 的罐头或利乐包的无盐红腰豆或黑眼豆（冲洗并沥干）…1 罐（440 克）

红椒片…1/2 小匙或适量

香辣复合调料（做法见 P4）…2 小匙或适量

煮熟的糙米饭、黑米饭或红米饭…3 杯（搭配食用，见注意）

❶ 将 1 杯蔬菜高汤倒入锅中，以中大火加热，加入红洋葱碎、青椒碎、西芹末及大蒜末后煮 5 分钟，并不时搅拌。

❷ 继续加入西红柿丁（连汤汁一起）、秋葵片、西葫芦丁、百里香、干马郁兰、烟熏红椒粉及纽奥良综合香料拌匀。

❸ 加入剩余的 5 杯蔬菜高汤，煮沸后转小火炖煮，并加入豆子搅拌，继续煮 20 ~ 30 分钟至蔬菜变软。

❹ 最后加入红椒片与香辣复合调料拌匀后，即可趁热淋在饭上享用。

注意
根据最近对于米中砷含量的研究，格雷格医生建议应多样摄取不同的谷物。每当在食谱中看到成分中有米时，请考虑使用其他全谷物来替代，如藜麦、小米、去壳燕麦粒、去壳大麦*（不是洋薏仁）、荞麦或麦仁等。

* 去除外壳但保留麸皮层的大麦粒，珍珠大麦（又称洋薏仁）则是连麸皮层都去除的精制大麦仁。

"每日饮食十二清单" 中的食物

√豆类　√其他蔬菜　√香草与香料　√全谷物

这么多植物……

为了让你对健康食物的种类有个大致概念，容我讲一个有趣的故事给你听。（我打赌你一定在想，这会是关于羽衣甘蓝的故事！）这个故事是关于我毕生的挚爱——安德烈亚。

多年前，当我们第一次约会时，朋友问我她是什么样子的人，我都会跟他们分享这件事，因为我感觉这是她让人生充满乐趣的最好诠释。安德烈亚很早就认定，人生苦短，所以她绝不重复吃同样的餐点，我的意思是"从不！"。这只是她表现出"永远把握当下"态度的一部分，而这个习惯持续至今。

每星期她都会拿出食谱，标出每一餐要用的新食谱，并确保在每一道食谱下面都用铅笔标注。如此一来，她就不会忘记，不会过几年后又不小心做了同一道菜。最可爱的部分是，她认为其他人都很奇怪，为什么不和她一起分享对于烹饪冒险的热情。

当然，煮饭给她吃也变成了一项挑战。每当我做出非常喜欢的东西时，就一定会产生某种程度的悲伤，因为我知道，绝对无法再吃到那道菜了！（不过有一次，我成功地重复了经得起考验的绿灯类干酪通心面（做法见 P143）——我用足够的菠菜泥把它伪装成亮绿色，而她还没有聪明到可以识破我的诡计。嘘！）好消息是，有这么多美味可口的全蔬食，让安德烈亚可以在她非常漫长的余生里，继续维持她绝不重复的饮食习惯。

羽衣甘蓝藜麦黑豆汤

分量: *4*份（每份2杯）· 难易度: *简单*

藜麦是我的菜谱中相对较新的食物。我一直在寻找可以添加到食物柜上的不同全谷物，终于发现了这个瑰宝。当你去市场时，可以寻找不同颜色的品种，如红色或黑色的藜麦，事实上，我总是寻找有色的品种，好从植物色素附加的抗氧化能力中获益。因此，我绝不买白米、糙米，而会购买红米或黑米，洋葱总是选红色而非白色，卷心菜也总是挑紫色的而非绿色的品种。

蔬菜高汤（做法见P6）…4 杯

红洋葱（切碎）…1 个

胡萝卜（切块）…1 根

西芹梗（切碎）…1 根

大蒜（切末）…2 瓣

红薯（去皮并切块）…1 个

月桂叶…1 片

藜麦（冲洗并沥干）…1/3 杯

煮熟的黑豆…3 杯，或不含双酚 A 的罐头或利乐包的黑豆（冲洗并沥干）…2 罐（440克/1罐）

不含双酚 A 的罐头或利乐包的无盐西红柿丁（不用沥干）…1 罐（410克）

香辣复合调料（做法见P4）…2 小匙

小茴香粉…1 小匙

干牛至…1/2 小匙

黑胡椒粉…适量

红羽衣甘蓝（切碎）…3 杯

❶ 将 1 杯蔬菜高汤倒入锅里，用中大火加热，再加入红洋葱碎、胡萝卜块、西芹碎、大蒜末与红薯块煮约5分钟，并不时搅拌，直至所有蔬菜变软。

❷ 加入月桂叶、藜麦、黑豆、西红柿丁、香辣复合调料、小茴香粉、干牛至、黑胡椒粉，以及剩余的3杯蔬菜高汤，煮沸后转小火。

❸ 锅中加入红羽衣甘蓝碎拌匀，再加盖继续煮约30分钟，直至藜麦与蔬菜变得软烂，将月桂叶取出，即可盛入碗中趁热享用。

羽衣甘蓝

研究人员发现，羽衣甘蓝可能有助于控制胆固醇水平。在一项研究中，羽衣甘蓝显著降低了受试者的坏胆固醇（正式名称为低密度脂蛋白，简称 LDL）指标，并提升了好胆固醇（正式名称为高密度脂蛋白，简称 HDL）指标，[107] 其效果跟跑了 480 千米相当。[108] 尽管最近有人质疑提高 HDL 是否真的会产生影响，[109] 但我仍然认为羽衣甘蓝是极好的食物，配得上它的昵称，是名副其实的"绿叶菜女王"。

"每日饮食十二清单"中的食物

√ 豆类　√ 绿叶菜　√ 其他蔬菜　√ 香草与香料　√ 全谷物

咖喱菜花汤

分量: *4*份（每份1½杯）· 难易度: *简单*

　　菜花是白色食物规则中两个重要的例外之一。没错，我选择有色的品种，是因为可以从植物色素附带的抗氧化能力中获益，并避免摄取白面包、白米等精制谷物。然而尽管菜花是白色的，却是最健康的蔬菜之一，就像它其他的十字花科近亲一样。（而另一样不寻常的健康白色食物是什么？答案是白蘑菇。）

蔬菜高汤（做法见 P6）…4 杯

红洋葱（切碎）…1 个

大蒜（切末）…1 瓣

嫩姜（磨泥）…1½ 小匙

咖喱粉…1½ 大匙

椰枣粉…2 小匙

香辣复合调料（做法见 P4）…1 小匙

菜花（去除不要的部分并切大块）…1 颗

柠檬（去皮打碎，做法见 P3）…2 小匙

李子西红柿（切细碎，作为装饰）…1 个

❶ 将 1 杯蔬菜高汤倒入锅中，用中大火加热，加入红洋葱碎煮约 5 分钟至软。

❷ 加入大蒜末、嫩姜泥、咖喱粉、椰枣粉及香辣复合调料拌匀后，加入菜花块与剩余的 3 杯蔬菜高汤，待煮沸后转小火，加盖继续煮约 30 分钟，直至菜花变软。

❸ 将汤倒入食物处理机或搅拌机中搅打成泥后（或使用搅拌棒直接在锅里搅打），加入柠檬碎拌匀，必要时可依口味酌量添加个人喜欢的调味料。

❹ 舀取适量盛入碗中，用李子西红柿碎装饰后即可趁热享用。

举一反三
食用时可依喜好加入煮熟的糙米饭、红米饭或黑米饭，或是绿豌豆、煮熟切碎的菠菜、韭菜末、葱花等。

"每日饮食十二清单"中的食物

√ 十字花科蔬菜　√ 其他蔬菜　√ 香草与香料

夏日田园西班牙冷汤

分量: *4* 份 · 难易度: *简单*

在这道令人耳目一新的冷汤中加入白腰豆, 可创造出更令人满足的滋味。

大型西红柿 (切半并去核) … 2 个

小型红椒 (切半并去籽) … 1 个

甜红洋葱 (切大块) … 1/4 杯

小黄瓜 (切碎) … 1 杯

小型黄椒 (去籽并切碎) … 1 个

大蒜 (切末) … 1 瓣

辣椒 (去籽并切末) … 1 个 (可依个人需要的辣度调整分量)

青葱 (切末) … 2 大匙

米醋 … 3 大匙

健康辣酱 (做法见 P8) … 1 小匙 (可省略)

无盐综合果菜汁, 如 V-12 蔬菜轰炸综合蔬果汁 (做法见 P219) … 2$\frac{1}{2}$ 杯

新鲜欧芹 (切末) … 1/4 杯

新鲜姜黄 (磨泥) … 1 段 (约 0.6 厘米), 或姜黄粉 … 1/4 小匙

香辣复合调料 (做法见 P4) … 适量

煮熟的白腰豆 … 1$\frac{1}{2}$ 杯, 或不含双酚 A 的罐头或利乐包的无盐白腰豆 (冲洗并沥干) … 1 罐 (440 克) (可省略)

柠檬 (去皮打碎, 做法见 P3) … 1 小匙

❶ 将西红柿、红椒及甜红洋葱块放入搅拌机或食物处理机, 搅打至细滑后倒入碗中, 加入小黄瓜碎、黄椒碎、大蒜末、辣椒末与青葱末拌匀。

❷ 加入米醋与健康辣酱、综合果菜汁、一半欧芹末、姜黄泥及香辣复合调料拌匀。

❸ 加入白腰豆, 拌匀后盖上碗盖, 冷藏至少 2 小时, 使其冰凉入味。

❹ 享用前可加入柠檬碎提味, 并用剩下的欧芹末装饰。

"每日饮食十二清单"中的食物

√ 豆类 (选择性添加)　　√ 其他蔬菜　　√ 香草与香料

摩洛哥小扁豆汤

分量: *4*份（1³/₄杯）· 难易度: *简单*

　　小扁豆是我最喜欢的豆类。它煮起来很快，营养丰富，而且几乎跟什么都很搭。所以我每次准备饭或其他谷物时，必定会丢些小扁豆进去。别忘了，任何料理都可以通过添加豆类和绿叶菜，变得更健康，而用各种不同的香料调味，也能让这道特别的小扁豆汤从简单变得出色。

蔬菜高汤（做法见 P6）或水…5 杯

红洋葱（切碎）…1 个

大蒜（切碎）…2 瓣

红椒（切碎）…1 个

嫩姜（磨泥）…1 小匙

香菜籽粉…1 小匙

小茴香粉…1/2 小匙

肉桂粉…1/2 小匙

新鲜姜黄（磨泥）…1 段（约0.6厘米）
或姜黄粉…1/4 小匙

红椒片…1/4 小匙

茴香籽粉…1/4 小匙

干燥黑色或红色小扁豆…1 杯

不含双酚 A 的西红柿罐头或利乐包无盐西红柿丁（不用沥干）…1 罐（410克）

香辣复合调料（做法见 P4）…1 小匙 或适量

幼嫩的绿叶菜（切碎）…4 杯

❶ 将 1 杯蔬菜高汤倒入大锅中，用中火加热。加入红洋葱碎、大蒜末和红椒碎，继续煮约 5 分钟，直至食材略微变软。

❷ 加入嫩姜泥、香菜籽粉、小茴香粉、肉桂粉、姜黄泥、红椒片和茴香籽粉，然后再加入小扁豆、西红柿丁与剩余的 4 杯蔬菜高汤搅匀，待煮沸后转小火，加盖炖煮 15 ~ 20 分钟，直至小扁豆变软。

❸ 加入香辣复合调料及绿叶菜拌匀，继续炖煮至变软，即可趁热食用。

用香料做菜

市面上有各式各样很棒的香料，兼具异国风味和令人兴奋的特质，你没有理由不去尝试新口味。我个人非常喜欢烟熏红椒粉，但它并不像一般红椒粉那样容易买到，所以我都从网上购买。尽管我很喜欢绿叶菜，但加了烟熏红椒粉的绿叶菜更美味。我也很喜欢锡兰肉桂。每次旅行时，我都会带几包无糖可可粉与肉桂，让难喝的旅馆咖啡变得好喝一点。另外，黑胡椒我也很喜欢，虽然它不是最神秘的香料，但它会成为受欢迎的基本香料绝对是有原因的——它美味得不得了！

然而在用香料烹调时，需要多加留意。有一次，我做出了我们家后来称之为"死亡豆蔻马芬"的料理。那时我照着食谱做蓝莓马芬，食谱上写着加一点点干豆蔻。我准备面团时，加了合适的分量，却用了新鲜豆蔻，而不是干的。天啊，那真是个错误！做出来的马芬味道呛到我们只吃了一口，就开始流眼泪。我以为干燥的香料经过浓缩，会比新鲜香料更浓郁。事实并非如此！

"每日饮食十二清单"中的食物

√ 豆类　√ 绿叶菜　√ 其他蔬菜　√ 香草与香料

三豆墨西哥辣汤

分量: 4份（每份1³/₄杯）· 难易度: 简单

这道美味的墨西哥辣汤，可以单独享用，也可搭配糙米饭、红米饭或黑米饭，或者搭配煮熟的绿叶菜一起吃（也可以同时搭配两种），淋在红薯上也很好吃。

蔬菜高汤（做法见P6）…2 杯

红洋葱（切碎）…1 个

甜椒（任何颜色皆可，去籽并切碎）…1 个

大蒜（切末）…2 瓣

小型辣椒（去籽并切末）…1 个

蘑菇（切碎）…2 ～ 3 杯

辣椒粉…2 大匙或适量

罐头西红柿糊…1/4 杯

不含双酚 A 的罐头或利乐包的无盐西红柿丁（不用沥干）…1 罐（410 克）

干燥红色小扁豆…1/2 杯

煮熟的腰豆…1¹/₂ 杯，或不含双酚 A 的罐头或利乐包的无盐腰豆（冲洗并沥干）…1 罐（440 克）

煮熟的黑豆…1¹/₂ 杯，或不含双酚 A 的罐头或利乐包的无盐黑豆（冲洗并沥干）…1 罐（440 克）

鲜味酱（做法见P5）…2 大匙

新鲜姜黄(磨泥)…1 段(约0.6厘米)，或姜黄粉…1/4 小匙

香辣复合调料（做法见P4）…1 大匙或适量

烟熏红椒粉…1/2 小匙

黑胡椒粉…1/4 小匙

❶ 将 1 杯蔬菜高汤倒进大锅里，以中火加热，加入红洋葱碎与甜椒碎，煮约 5 分钟，并不时搅拌直至食材变软。

❷ 加入大蒜末、辣椒末、蘑菇碎、辣椒粉与西红柿糊拌匀。

❸ 锅中加入剩余材料与 1 杯蔬菜高汤，炖煮约 50 分钟，并不时搅拌直至小扁豆变软、汤的味道也混合均匀（必要时可依口味酌量添加个人喜欢的调味料）后，即可关火盛入碗中趁热享用。

墨西哥辣汤的各种变化

就像墨西哥辣汤有无数种做法一样，它也有很多种吃法。可以试试搭配煮熟的绿叶菜或全谷物，或作为墨西哥玉米饼的馅料，亦可用来拌全麦意大利面，甚至淋在烤红薯或冬南瓜上。请多做点尝试，并享用它！

"每日饮食十二清单"中的食物

√ 豆类　　√ 其他蔬菜　　√ 香草与香料

冠军蔬菜墨西哥辣汤

分量: *4*份（每份2杯）· 难易度: *简单*

　　这是另一道很棒的墨西哥辣汤，可以有很多种吃法。可以试着将它淋在烤红薯泥、藜麦饭、糙米饭、黑米饭、红米饭，或者绿叶菜上，也可把它当成甘蓝叶卷的内馅。请跟我们分享你享用这道料理的其他创意方式吧！

蔬菜高汤（做法见P6）…1¹/₂ 杯

红洋葱（切碎）…1个

西芹（切末）…1/2 杯

蘑菇（任何种类，切碎）…2～3 杯

红椒（去籽并切碎）…1个

西葫芦（切碎）…1个

小型辣椒（去籽并切细末）…1个（可省略）

大蒜（切末）…2 瓣

罐头西红柿糊…3 大匙

辣椒粉…2 大匙或适量

新鲜姜黄（磨泥）…1 段（约0.6厘米），或姜黄粉1/4 小匙

不含双酚 A 的罐头或利乐包的无盐西红柿丁（不用沥干）…1 罐（410 克）

煮熟的花豆…3 杯，或不含双酚 A 的罐头或利乐包的花豆（冲洗并沥干）…2 罐（440 克/罐）

玉米粒…1 杯

香辣复合调料（做法见P4）…2 小匙或适量

烟熏红椒粉…1/2 小匙

❶ 将 1 杯蔬菜高汤倒进锅里，以中火加热，加入红洋葱碎和西芹末煮约 5 分钟，至食材变软。

❷ 加入蘑菇碎、红椒碎、西葫芦碎、辣椒末和大蒜末，烹煮约 10 分钟，并不时搅拌至食材变软。

❸ 继续加入西红柿糊、辣椒粉和姜黄泥拌匀后，加入西红柿丁、花豆及剩余的 1/2 杯蔬菜高汤，并不时搅拌，炖煮约 45 分钟，直至所有蔬菜都变软（若汤太过浓稠可加点水）。

❹ 加入玉米粒、香辣复合调料与烟熏红椒粉拌匀，即可盛入碗中趁热享用。

"每日饮食十二清单"中的食物

√ 豆类　　√ 其他蔬菜　　√ 香草与香料

5

FIVE

沙拉与沙拉酱

在这本食谱书里，

你不会看到那种少量胡萝卜丝和半颗樱桃西红柿配上结球莴苣的配菜沙拉、

充满美乃滋的通心面沙拉，

或者任何其他既不美味又不营养，只是徒有沙拉名称的沙拉。

本章里的沙拉都兼具了美味与口感，

可以作为主菜、开胃菜、配菜，甚至是零食。

而且沙拉中还添加了很多好东西，

如坚果、种子和水果，

让你可以不停地勾掉"每日饮食十二清单"中的项目。

黄金藜麦塔布蕾沙拉

羽衣甘蓝沙拉佐牛油果女神酱

西班牙冷汤黑豆沙拉

芝麻紫甘蓝胡萝卜沙拉

蔬菜沙拉

芒果牛油果羽衣甘蓝沙拉佐姜味芝麻橙汁酱

超级火麻仁沙拉佐蒜味凯萨酱

开心果菠菜沙拉佐草莓香醋醋酱

黄金藜麦塔布蕾沙拉

分量：*6*份（每份 1¹/₂ 杯）· 难易度：*简单*

在这道即兴创作的美味塔布蕾沙拉中，姜黄为藜麦添上了一层美丽的金色外衣。已经有超过 50 个临床实验测试了姜黄对于各种疾病的效果，其中包括肺癌、脑癌及其他各种癌症。结果显示，姜黄能使结肠息肉消失，术后恢复速度变快，并且在治疗类风湿性关节炎（rheumatoid arthritis）上的效果优于顶级治疗药物。姜黄对于治疗骨关节炎（osteoarthritis），以及狼疮（lupus）和发炎性肠道疾病等似乎也很有效。建议分量为每天 1/4 小匙。

藜麦（充分洗净并沥干）…1 杯

新鲜姜黄（磨泥）…1 段（约 0.6 厘米）

或姜黄粉…1/4 小匙

水…1³/₄ 杯

沙拉酱

柠檬（去皮打碎，做法见 P3）…2 大匙

椰枣甜浆（做法见 P3）…1 大匙

香辣复合调料（做法见 P4）…1¹/₂ 小匙

水…3 大匙

沙拉

煮熟的鹰嘴豆…1¹/₂ 杯，或不含双酚 A 的罐头或利乐包无盐鹰嘴豆（冲洗并沥干）…1 罐（440 克）

罗马西红柿（切碎）…2 个

小型熟牛油果（去皮去核并切丁）…1 个

小黄瓜（切碎）…1 杯

新鲜欧芹、薄荷或香菜叶（切末）…1/2 杯

青葱（切末）…2 根

黑胡椒粉…适量

绿叶菜（撕碎，我个人最喜欢的种类是嫩芝麻菜）…4 杯

❶ 将水倒入汤锅中煮沸，加入藜麦与姜黄泥后转小火，并盖上盖子，炖煮约 15 分钟，直至水分被吸收。

❷ 将多余的水分沥干，把藜麦倒入大碗中放凉备用。

❸ **沙拉酱：**将柠檬碎、椰枣甜浆、香辣复合调料与水一起放入小碗中拌匀备用。

❹ **沙拉：**

- 步骤 2 的藜麦放凉后，加入鹰嘴豆、罗马西红柿碎、熟牛油果丁、小黄瓜碎、欧芹末与青葱末。

- 淋上步骤 3 制作的沙拉酱，并依个人口味加入适量的黑胡椒粉调味，轻轻混合均匀，加盖冷藏至少 1 小时后即可食用。

- 塔布蕾莎拉在做好的当天会最好吃，食用时宜再加入撕碎的绿叶菜。

日常摄取姜黄的 10 种方法

1. 加入果昔里。
2. 用在咖喱里（做法见 P130）。
3. 加入谷物料理中（做法见 P140）。
4. 混合在沙拉酱里。
5. 加入意大利面里。
6. 捣入烤红薯里。
7. 加入汤里。
8. 撒在燕麦粥上。
9. 混合在豆类抹酱中。
10. 加入南瓜派里。

"每日饮食十二清单"中的食物

√ 豆类　√ 绿叶菜　√ 其他蔬菜　√ 香草与香料　√ 全谷物

羽衣甘蓝沙拉佐牛油果女神酱

分量：*4*份（每份$2\frac{1}{2}$杯）· 难易度：*简单*

还有什么羽衣甘蓝不能做的料理吗？

沙拉酱
新鲜欧芹（切碎）…1/4 杯

新鲜龙蒿（切末）…1 大匙，或干龙蒿…1 小匙

米醋…2 大匙

柠檬（去皮打碎，做法见 P3）…2 小匙

营养酵母…1 大匙

椰枣甜浆（做法见 P3）…1 小匙

白味噌酱…1/2 小匙

香辣复合调料（做法见 P4）…1/2 小匙或适量

沙拉
小型或中型甜菜根（切除不要的部分并把表面刷洗干净）…4 个

红羽衣甘蓝（洗净并挑掉粗梗切碎）…1 把

煮熟的黑豆…$1\frac{1}{2}$ 杯，或不含双酚 A 的罐头或利乐包的无盐黑豆（冲洗并沥干）…1 罐（440 克）

生核桃或其他坚果…1/4 杯

沙拉酱：

- 将制作沙拉酱的所有材料放入搅拌机或食物处理机中搅打至均匀细滑（并随时刮下附着在壁上的碎屑）。

- 若沙拉酱太过浓稠，可加入适量的水（最多加 1/3 杯）再搅打均匀，必要时可依口味酌量添加个人喜欢的调味料。

- 将做好的沙拉酱倒进密封罐中冷藏，食用时再取出。

沙拉：

- 烤箱预热至 220℃，将甜菜根放入烤盅内并加盖后，放入烤箱中烤 40 ~ 60 分钟至软。

- 将烤好的甜菜根取出，开盖放凉后去除甜菜根皮（可依个人喜好去除），并依喜好切片、切丁或切成 4 等份，放入大碗中。

- 加入红羽衣甘蓝碎、黑豆与生核桃拌匀后，再放入适量沙拉酱即可享用。

小贴士
牛油果女神沙拉酱跟烤红薯和蒸菜花也都很搭哦！

醋

你好，我叫迈克尔，是个爱醋成痴的人。没错！我有一整吧台各式各样不同风味的醋，可用来搭配不同的菜肴。我会把草莓醋加在桃子上、巧克力醋搭配新鲜草莓、烟熏醋放在美味主菜里、桃子醋佐衬芒果，或是将芒果醋用于桃子上。

当人们提到醋时，通常第一个想到的就是蒸馏过的白醋，然而白醋并不仅属于食物储藏柜，它也适合放在水槽下，作为天然清洁剂的其中一员。科学中关于醋的好处，启发我去探索这个令人惊奇并充满异国风味的广阔世界，而我很开心地发现，它的确名不虚传。

其实我试图成为一个节俭的人，但在三件事情上却无法控制自己不挥霍，那就是：高速网络服务、每年秋天的新鲜椰枣，以及异国风味的醋。

"每日饮食十二清单"中的食物

√ 豆类　√ 绿叶菜　√ 其他蔬菜　√ 坚果与种子　√ 香草与香料

西班牙冷汤黑豆沙拉

分量：*4* 份（每份2杯）· 难易度：*简单*

我知道豆类很健康，但直到所有令人惊奇的微生物群研究开始出现后，我才意识到它究竟有多健康，因此鼓励你养成每天都吃豆类的习惯。所以在我开始用高压锅烹调前，总会在冰箱里放些已经开过的罐装豆类，好提醒自己把它们加在任何东西上，例如这道沙拉。

这道沙拉是从著名的冷汤中获得灵感的，主要是用西班牙冷汤的食材、黑豆和风味十足的沙拉酱，搭配上健康的绿叶菜所做成的。

沙拉酱

白味噌酱…1 小匙

青柠（去皮打碎，做法见 P3）…2 小匙

营养酵母…1 大匙

小茴香粉…1/4 小匙或适量

沙拉

煮熟的黑豆…1¹/₂ 杯，或不含双酚 A 的罐头或利乐包的无盐黑豆（冲洗并沥干）…1 罐（440 克）

熟西红柿（去籽并切细碎）…1 个

红色或黄色甜椒（切碎）…1 个

小黄瓜（切碎）…1 杯

红洋葱（切末）…1/4 杯

大蒜（切末）…1 瓣

墨西哥辣椒（切末）…1 小匙

综合绿叶菜…5 杯

小型熟牛油果（切半去核，切为 1.2 厘米的小丁）…1 个

健康辣酱（做法见 P8，可省略）…适量

沙拉酱：
将制作沙拉酱的所有材料放入小碗里，搅拌均匀后备用。

沙拉：
- 将黑豆、西红柿碎、甜椒碎、小黄瓜碎、红洋葱末、大蒜末与墨西哥辣椒末放进大碗里。
- 把沙拉酱倒在沙拉上轻轻拌匀后，加盖并静置 30 分钟或冷藏一晚，即成西班牙黑豆冷汤。
- 取适量绿叶菜放于沙拉盘中，淋上西班牙黑豆冷汤，放上牛油果丁与健康辣酱即可享用。

"每日饮食十二清单"中的食物

√ 豆类　√ 绿叶菜　√ 其他蔬菜　√ 香草与香料

芝麻紫甘蓝胡萝卜沙拉

分量： *4* 份（每份 1¼ 杯）· **难易度：** *简单*

我总是在冰箱里常备紫甘蓝。它是一种色彩鲜艳又便宜的十字花科蔬菜，而且似乎永远都不会坏，因为它在我们家从不久放，所以我无法得知它确切的保存期限。而这道充满活力的沙拉，是传统美乃滋*紫甘蓝沙拉的改良版，不仅更加美味可口，也健康多了！

沙拉酱

芝麻酱…2 大匙

米醋…2 大匙

柠檬（去皮打碎，做法见 P3）…2 小匙

椰枣甜浆（做法见 P3）…2 小匙

嫩姜（磨泥）…1 小匙

白味噌酱…1 小匙

水…2 大匙

凉拌沙拉

紫甘蓝（切丝）…3 杯

大型胡萝卜（刨丝）…1 根

荷兰豆（横切成薄条状）…12 个

青葱（切末）…2 根

红葡萄（切半）…1 杯

新鲜香菜叶（切碎）…2 大匙（可省略）

熟芝麻…2 大匙

沙拉酱：

将制作沙拉酱的所有材料放入小碗里，拌匀备用。

凉拌沙拉：

- 将紫甘蓝丝、胡萝卜丝、荷兰豆条、青葱末、红葡萄和香菜碎放入大碗中，倒入沙拉酱拌匀。
- 必要时可依口味酌量添加个人喜欢的调味料，之后撒上熟芝麻加盖冷藏，待凉后即可取出享用。

卷心菜
抗氧化剂是身体的自卫队，负责摧毁会损伤 DNA 的自由基，但尽管如此，我们没有必要去购买一些进口的、所谓的"超级水果"来获得抗氧化剂。根据美国农业部（USDA）的常见食物数据库，红色和紫色的卷心菜提供了丰富的抗氧化剂。[110] 事实上，紫甘蓝的抗氧化能力比蓝莓高了将近 3 倍呢！ [111]

* 美乃滋（mayonnaise）是一种西方甜酱，用鸡蛋、糖、油等制成。

"每日饮食十二清单"中的食物

√ 其他水果　√ 十字花科蔬菜　√ 其他蔬菜　√ 坚果与种子　√ 香草与香料

蔬菜沙拉

分量: *4*份（每份 2¹/₂ 杯）· 难易度: *简单*

这道食谱中一个最棒的地方，就是它具有很大的弹性，因此可以依照心情和喜好来做调整。你可以任意搭配不同的食材，去掉不喜欢或手边没有的材料，也可以加入其他爱吃的东西。

小型罗马生菜 (切成适口大小的块)…1 个

樱桃萝卜 (切块)…2 个

熟西红柿 (切碎)…1 个

小黄瓜 (切碎)…1 杯

小型橘色或红色甜椒 (切碎)…1/2 个

西芹 (切碎)…1/2 杯

朝鲜蓟心 (切碎)…3 个

煮熟的白腰豆…1¹/₂ 杯，或不含双酚 A 的罐头或利乐包的白腰豆 (冲洗并沥干)…1 罐 (440 克)

田园沙拉酱 (做法见 P7)…适量

将罗马生菜块、樱桃萝卜块、西红柿碎、小黄瓜碎、甜椒碎、西芹碎、朝鲜蓟心碎和白腰豆放进大碗里，淋上田园沙拉酱拌匀即可享用。

DIY 沙拉

事先准备好一些沙拉材料的库存，就能随时享用私人沙拉了！你可以先清洗蔬菜并旋转沥干、混合好本章中的几种沙拉酱、将各种洗净后切片或切块的蔬菜放入密闭容器中保存。有了这些备料，你所需要做的就是发挥创意，制作出属于你自己的沙拉杰作。另外，建议常备些坚果和果干等可以加在沙拉里的食材。若想多点变化，则可以改变在沙拉中使用的蔬菜，尝试用不同的醋调味，或者加入新的水果、蔬菜和坚果组合。

"每日饮食十二清单"中的食物

√ 豆类　√ 绿叶菜　√ 其他蔬菜　√ 坚果与种子　√ 香草与香料

芒果牛油果羽衣甘蓝沙拉
佐姜味芝麻橙汁酱

分量：*4份* · 难易度：*简单*

芒果是我最喜欢的水果之一，我爱它的味道和质地。但我最近发现了新欢：番木瓜 *（pawpaw）。番木瓜是北美最大的土产水果，但因为它们太过脆弱，即使在美国的商店也可能买不到。如果人在美国，可以留意当地的番木瓜节，或者到小农市集里问问看，如果够幸运能找到番木瓜，就可以在这道沙拉里用它来替代芒果。

沙拉酱

柳橙（去皮）…1/2 个

米醋…1 大匙

芝麻酱…2 大匙

嫩姜（磨泥）…1¹/₂ 小匙

大蒜（切末）…1 瓣

青葱（切末）…1 大匙

新鲜欧芹或香菜叶（切末）…2 小匙

白味噌酱…1 小匙

椰枣甜浆（做法见 P3）…1 小匙

新鲜姜黄（磨泥）…1 段（约0.6厘米），或姜黄粉…1/4 小匙

卡宴辣椒粉…1/8 小匙（可省略）

沙拉

红羽衣甘蓝或嫩叶菠菜（切碎）…5 杯

熟芒果（去皮去核，并切成约1.2厘米的小丁）…1 个

熟牛油果（去皮去核，并切成约1.2厘米的小丁）…1 个

沙拉酱：将制作沙拉酱的所有材料放入小型搅拌机或小型食物处理机中，搅打至细滑备用。

沙拉：将红羽衣甘蓝碎、芒果丁、牛油果丁放入碗中，依喜好加入适量沙拉酱，拌匀即可享用。

注意
若没有小型搅拌机或小型食物处理机，也可以将食谱中的量加倍，用较大的机器来操作（然后保留一半改天再享用）。

* 番木瓜为印第安原生种木瓜，外表较为圆润，果肉呈黄色奶油状，具有芒果、菠萝和香蕉的综合风味。

"每日饮食十二清单"中的食物

√其他水果 √绿叶菜 √坚果与种子 √香草与香料

超级火麻仁沙拉佐蒜味凯萨酱

分量: *4*份（每份3杯）· 难易度: *简单*

在这道沙拉里加入蒸好或煎好的天贝*丁，就成为一道非常完美的主菜。

沙拉酱

大蒜（压碎）…2 瓣

营养酵母…2 大匙

杏仁酱…1 大匙

柠檬（去皮打碎，做法见 P3）…1 大匙

白味噌酱…1 大匙

新鲜欧芹（切末）…1 大匙

无盐石磨芥末酱…1 小匙

新鲜姜黄（磨泥）…1段（约0.6厘米），
或姜黄粉…1/4 小匙

香辣复合调料（做法见 P4）…1 小
匙或适量

水…1/2 杯

沙拉

罗马生菜（去除不要部分后，撕成小
片）…1 个

西洋菜（去梗切碎）…1 把，或嫩
叶菠菜…2 杯

樱桃西红柿或葡萄西红柿（切
半）…1 杯

胡萝卜（刨丝）…1 根

去壳火麻仁（大麻仁）…3 大匙

沙拉酱: 将制作沙拉酱的全部材料放入搅拌机中，搅打
至细滑备用。（必要时可依口味酌量添加个人喜欢的调
味料。）

沙拉: 将制作沙拉的所有材料放入大碗内，加入沙拉酱
轻轻拌匀后即可享用。

---

* 印度尼西亚的传统发酵食品，又称印度尼西亚发酵黄豆饼。使用整
粒黄豆蒸熟，添加酵母菌发酵后自然形成块状，营养价值丰富，烹
调方式多元，是蔬食者良好的蛋白质来源。

"每日饮食十二清单" 中的食物

√ 绿叶菜   √ 其他蔬菜   √ 坚果与种子   √ 香草与香料

开心果菠菜沙拉
佐草莓香酯醋酱

分量：*4*份（每份2¼杯）· 难易度：*简单*

　　这道看起来很炫的沙拉，做法却是不可思议的简单。假如没有新鲜草莓，也可以用解冻到室温的冷冻草莓替代。（我家的冷冻库里有一半是库存的冷冻莓果，另一半则是冷冻的绿叶菜！）

沙拉酱

草莓（去蒂，切半）…1 杯

红葱头（切碎）…1 大匙

香酯醋…1/4 杯

椰枣甜浆（做法见 P3）…1 大匙

无盐石磨芥末酱…1/2 小匙

新鲜百里香…1 小匙，或干百里香…1/2 小匙

黑胡椒粉…1/4 小匙

沙拉

嫩叶菠菜…8 杯

小黄瓜（切半后切薄片）…1/2 根

生开心果…1/4 杯

沙拉酱：

● 将草莓、红葱头碎、香酯醋、椰枣甜浆、芥末酱和百里香放进搅拌机里，搅打至细滑。

● 加入黑胡椒粉拌匀后备用。

沙拉： 将制作沙拉的全部材料放进大碗里，依喜好加入适量沙拉酱，拌匀即可享用。

"每日饮食十二清单"中的食物

√ 莓果　√ 绿叶菜　√ 其他蔬菜　√ 坚果与种子　√ 香草与香料

6

汉堡与卷饼

甜菜根、黑豆、天贝、鹰嘴豆、苔麸、菠萝蜜——
本章中的食谱将向你介绍传统料理的创意做法，
并引领你体会其中所富含的惊人美味。
跟会阻塞动脉的传统汉堡说再见吧！

黑豆汉堡

分量: *4份* · 难易度: *简单*

　　把豆类加进你日常餐点的方法，永远都嫌不够！而最好的方法之一，就是用 100% 全麦烤面包搭配所有美味的馅料。由于这些汉堡在冷冻条件下保存得很好，因此可以考虑把食谱分量加倍，如此一来，只要解冻你就能随时享受美味的时光。

传统燕麦片⋯1 杯

碎核桃⋯1/2 杯

新鲜姜黄 (磨泥)⋯1 段 (约0.6厘米)，或姜黄粉⋯1/4 小匙

红洋葱 (切碎)⋯1/2 杯

蘑菇 (切碎)⋯1/3 杯

煮熟的黑豆⋯$1\frac{1}{2}$ 杯，或不含双酚 A 的罐头或利乐包的无盐黑豆 (充分洗净并沥干)⋯1 罐 (440 克)

芝麻酱或杏仁酱⋯2 大匙

亚麻籽粉⋯1 大匙

营养酵母⋯1 大匙

新鲜欧芹 (切碎)⋯1 大匙

白味噌酱⋯2 小匙

洋葱粉⋯1 小匙

大蒜粉⋯1/2 小匙

烟熏红椒粉⋯1/2 小匙

香辣复合调料 (做法见 P4)⋯1 小匙

❶ 将燕麦片、碎核桃和姜黄泥放入食物处理机，搅打至呈细粉状。

❷ 加入红洋葱碎、蘑菇碎、黑豆、芝麻酱和亚麻籽粉，搅打至充分混合后，加入剩余材料，继续搅打至混合均匀。

❸ 用拇指和食指捏一点步骤 2 的混合物，看是否黏合，若太湿，可多加点燕麦片；若太干，则可用每次加 1 大匙水的方式调整黏度。

❹ 将混合物移至工作台上，分成 4 等份，每份整形成约 1.2 厘米厚，放在盘子上，置于冰箱冷藏 30 分钟。

❺ 烤箱预热至 190℃，并在烤盘上铺上硅胶烤垫或烘焙纸，然后将步骤 4 中做好的汉堡饼置于烤盘上，再放入烤箱烤约 25 分钟，中间需翻面一次，直至其呈浅褐色后即可放入准备好的汉堡面包中，趁热享用。

"*每日饮食十二清单*" 中的食物

√ 豆类　　√ 其他蔬菜　　√ 亚麻籽　　√ 坚果与种子　　√ 香草与香料　　√ 全谷物

菠萝蜜三明治

分量：*4*份（每份三明治约1杯馅料）· 难易度：*简单*

　　菠萝蜜原产于南亚，已经种植了六千年之久，尽管它在海外颇受欢迎，在海外料理中也颇具历史，但由于它特殊的质地和香气（像是芒果、香蕉、苹果和菠萝的综合体），在美国才刚刚开始打响名号。菠萝蜜不仅低脂、低热量，也富含纤维，如果买不到新鲜的菠萝蜜，也可以像我一样直接购买菠萝蜜罐头。

不含双酚A的罐头菠萝蜜（泡在水里而非糖浆里，冲洗并沥干）…1罐（约565克）

营养酵母…1大匙

香辣复合调料（做法见P4）…1小匙

烟熏红椒粉…1/2 小匙

辣椒粉…1/2 小匙

小型红洋葱（切末）…1个

红椒（去籽切末）…1/2 个

罐头或利乐包的无盐西红柿泥…3/4 杯

椰枣粉…2 大匙

无盐石磨芥末酱…1 大匙

100% 全麦面包…4 片

水…1/2 杯

❶ 用纸巾或干净的厨房毛巾，擦干洗净沥干的菠萝蜜，并去除核心中的坚硬部分。

❷ 将菠萝蜜放到碗中，加入营养酵母、香辣复合调料、烟熏红椒粉和辣椒粉，搅拌均匀后备用。

❸ 将水倒入煎锅中，以中火加热，加入红洋葱末和红椒末，盖上盖子，炖煮约5分钟至软后，拌入西红柿泥、椰枣粉和芥末酱。

❹ 锅中继续加入步骤2腌好的菠萝蜜，转小火、盖上盖子炖煮25～30分钟，并不时搅拌（为避免上述材料粘在煎锅上，可用每次加入1大匙水的方式调整浓度），用两把叉子将菠萝蜜切成小块。

❺ 最后掀盖煮5分钟，让酱汁变得浓稠后，取适量菠萝蜜酱放于面包上，趁热享用。

"每日饮食十二清单"中的食物

√ 其他水果　√ 其他蔬菜　√ 香草与香料　√ 全谷物

咖喱鹰嘴豆卷

分量： *4* 卷（每卷 1 杯馅料）　·　**难易度：** *简单*

咖喱粉是我最喜欢的混合调味料，其中所含的姜黄成分除了对身体好外，还赋予食物美丽的金黄色。而这道料理中的咖喱鹰嘴豆泥，也很适合搭配生菜卷或作为蘸酱食用，也可以试着用三种种子饼干（做法见 P34）搭配成美味的前菜或点心。

煮熟的鹰嘴豆…$1^1/_2$ 杯，或不含双酚 A 的罐头或利乐包的无盐鹰嘴豆（冲洗并沥干）…1 罐（440克）

咖喱粉…$1^1/_2$ 小匙或适量

柠檬（去皮打碎，做法见 P3）…1 小匙

椰枣粉…1 小匙

白味噌酱…1/4 小匙

香辣复合调料（做法见 P4）…适量

西芹（切碎）…1/2 杯

胡萝卜（刨丝）…1/3 杯

腰果（切碎）…1/3 杯

葡萄干…1/3 杯

脆甜苹果（去核切碎）…1 个

青葱（切碎）…1 大匙

100% 全麦墨西哥薄饼…4 片

生菜丝…2 杯

水…3 ~ 4 大匙

❶ 将 1 杯鹰嘴豆及咖喱粉、柠檬碎、椰枣粉、白味噌酱和香辣复合调料放入食物处理机中，加入水，搅打至细滑。

❷ 加入剩余的 1/2 杯鹰嘴豆及西芹碎、胡萝卜丝、腰果碎、葡萄干、苹果碎和青葱碎，将材料混合均匀，并把鹰嘴豆稍微弄碎，必要时可依口味酌量添加个人喜欢的调味料。

❸ 将上述材料均匀分成 4 等份放在墨西哥薄饼上，每份放上生菜丝后，将墨西哥薄饼紧紧卷起成卷饼，并把每个卷饼切成两半后即可享用。

鹰嘴豆

吃越多的鹰嘴豆（和其他豆类），就会让你越健康！在一项研究中，研究人员将体重过重的受试者分成两组，第一组被要求每周吃 5 杯鹰嘴豆、小扁豆、裂豌豆或白豆，但不改变其他方面的饮食习惯；第二组则被要求每天从他们的饮食中减少 500 卡。猜猜哪组比较健康？答案是被指示吃更多食物的组别。研究证明，食用鹰嘴豆和其他豆类在减小腰围与改善血糖控制上的效果，跟减少热量的效果相当。而食用豆类组还获得了改善胆固醇和调节胰岛素的额外好处。[112]

"每日饮食十二清单" 中的食物

√ 豆类　　√ 其他水果　　√ 绿叶菜　　√ 其他蔬菜　　√ 坚果与种子　　√ 香草与香料　　√ 全谷物

菠菜蘑菇黑豆墨西哥卷饼

分量: *4*份 · 难易度: *简单*

菠菜不是我最爱的绿叶菜。虽然所有的绿叶菜我都喜欢，但常选择十字花科的蔬菜，比如羽衣甘蓝或芝麻菜。不过，菠菜对于入门者来说是个不错的选择，它没有强烈的特殊气味，因此在果昔里混合些菠菜，也吃不出味道。菠菜也适合搭配墨西哥卷饼这类的食物，例如这道搭配蘑菇与黑豆的营养卷饼，馅料不但营养又美味，好到不该只拿来做卷饼，所以不妨就一次制作双倍的分量，让你随心所欲，随时加热就能享用。

煮熟的黑豆…$1^1/_2$ 杯，或不含双酚 A 的罐头或利乐包的无盐黑豆（冲洗并沥干）…1 罐（440 克）

红洋葱（切末）…1/2 杯

大蒜（切末）…2 瓣

蘑菇（切碎）…2 杯

嫩叶菠菜…4 杯

营养酵母…1 大匙

香辣复合调料（做法见 P4）…适量

卡宴辣椒粉…适量

健康辣酱（做法见 P8）…适量

100% 全麦墨西哥薄饼…4 片

夏日莎莎酱（做法见 P41）…适量

水…1/4 杯

❶ 将黑豆放进碗里，以叉子或土豆压泥器压成泥后备用。

❷ 将水倒进煎锅中加热，并加入红洋葱末与大蒜末，煮约 5 分钟，并不时搅拌至食材变软。

❸ 加入蘑菇碎搅拌，继续煮 3 分钟使其变软后，加入菠菜边煮边搅拌，直至菠菜烫熟，加入步骤 1 的黑豆泥继续煮，并持续搅拌直至汤汁吸收。

❹ 加入营养酵母及香辣复合调料、卡宴辣椒粉和健康辣酱，拌匀即成馅料，必要时可依口味酌量添加个人喜欢的调味料。

❺ 食用时，在每片墨西哥薄饼的中心放上 1/4 做好的馅料，并用边卷边将边塞进去的方式卷起薄饼，做好后即可享用。

❻ 亦可分批将每个填好馅料的卷饼，放入热好的不粘煎锅中煎 1 ~ 2 分钟，让表面变成浅褐色，即可搭配夏日莎莎酱享用。

菠菜

大力水手号称自己力大无穷是因为吃了菠菜，事实上他是对的。在由哈佛大学研究小组所分析的所有食物组中，证明了绿叶菜对主要慢性疾病有最强大的预防作用[113]。其中，每天额外吃一份绿叶菜，可将心脏病发[114]与中风[115]风险降低约 20%。康奈尔大学的研究人员比较了菠菜、波士顿生菜、苦苣、紫菊苣及罗马生菜，发现菠菜在体外实验中对抑制乳腺癌、脑瘤、肾癌、肺癌、儿童脑瘤、胰腺癌、前列腺癌和胃癌细胞生长的效果最好。[116]

"每日饮食十二清单"中的食物

√ 豆类　√ 绿叶菜　√ 其他蔬菜　√ 香草与香料　√ 全谷物

天贝生菜卷

分量：*4* 份（每份两个菜卷）· 难易度：*中等*

海苔丝可以为这道爽脆的菜卷增添海味。

天贝（切成 0.6 厘米的小丁）…230 克

辣椒粉…2 小匙

小茴香粉…2 小匙

卡宴辣椒粉…1/2 小匙

小型红洋葱（切碎）…1 个

大蒜（切末）…2 瓣

墨西哥辣椒（去籽切末）…1～2 个

罗马西红柿（切碎）…3 个

海苔或红藻丝…1 小匙

青柠（去皮打碎，做法见 P3）…1 大匙

大型罗马生菜或奶油生菜叶（用做菜卷）…8 片

熟牛油果（去皮去核并切丁）…1 个

新鲜香菜叶（切碎）…1/2 杯（可省略）

健康辣酱（做法见 P8）或夏日莎莎酱（做法见 P41，可省略）…适量

水…1/4 杯

❶ 将天贝放在蒸盘中，以开水蒸 15 分钟后，不加盖静置一旁备用。

❷ 将辣椒粉、小茴香粉和卡宴辣椒粉放进浅碗中，并加入蒸好的天贝轻拌均匀。

❸ 将水倒入煎锅中，以中大火加热，加入红洋葱碎、大蒜末和墨西哥辣椒末煮 5 分钟或直至食材变软（必要时可加点水防止烧焦）。

❹ 锅中再加入西红柿碎和海苔丝煮约 3 分钟，煮到大部分水分蒸发后，加入步骤 2 调好的天贝和青柠碎煮约 4 分钟，直至天贝变成浅褐色。

❺ 取适量馅料放进一片生菜叶中，放上牛油果丁、香菜碎及健康辣酱或夏日莎莎酱，重复上述动作直至食材用完，即可端上桌享用。

"每日饮食十二清单"中的食物

√ 豆类　　√ 其他水果　　√ 绿叶菜　　√ 其他蔬菜　　√ 香草与香料

甜菜根汉堡

分量：*6个汉堡* · 难易度：*中等*

　　苔麸（teff）是什么？它是一种埃塞俄比亚（Ethiopia）的谷物，又称画眉草籽，可能早在六千年前就开始栽种了！苔麸很小，150粒苔麸等于一粒小麦的重量，它的名字来自埃塞俄比亚的字根，意思是"遗失"，因为假如你丢下一粒苔麸，就不太可能把它找回来，正因如此，苔麸比其他谷物煮起来熟得更快。

红洋葱（切末）…1/2 杯

大蒜（切末）…2 瓣

生甜菜根（刨细丝）…1 杯

蘑菇（切末）…1 杯

烟熏红椒粉…1/2 小匙

干芥末（芥末粉）…1/2 小匙

小茴香粉…1/2 小匙

香菜籽粉…1/2 小匙

新鲜姜黄（磨泥）…1段（约0.6厘米），或姜黄粉…1/4 小匙

煮熟的黑豆…$1\frac{1}{2}$ 杯，或不含双酚A的罐头或利乐包的无盐黑豆（洗净并沥干）…1 罐（440 克）

煮熟的糙米饭、红米饭或黑米饭、苔麸或藜麦（沥干后用纸巾或布吸干）…1 杯

亚麻籽粉…1 大匙

白味噌酱…1 大匙

传统燕麦片（磨碎成粗粉末状）…1/2 杯

磨碎的核桃…1/2 杯

100% 全麦小圆面包…6 个

水…1/4 杯

❶ 将水倒进大煎锅里，以中火加热，加入红洋葱末煮约5分钟至软。

❷ 锅中拌入大蒜末后加入甜菜根丝和蘑菇末，并撒上烟熏红椒粉、芥末粉、小茴香粉、香菜籽粉和姜黄泥，继续煮约4分钟至所有蔬菜变软，汤汁都被吸收。

❸ 将黑豆放进大碗里捣碎，加入煮好的谷物、亚麻籽粉和白味噌酱，捣碎混匀后，加入燕麦粉和磨碎的核桃，并加入步骤2的材料拌匀（黏度以放在拇指和食指间按压时能相黏为佳）。

❹ 将拌好的馅料平分成6份，用手搓成圆球再压成圆饼状的汉堡排后，放在盘子上，放入冰箱冷藏至少30分钟。

❺ 将烤箱预热至190℃，在烤盘上铺上硅胶烤垫或烘焙纸，放上汉堡排烤30分钟后（烤到一半时宜将汉堡排翻面），即可依喜好搭配小圆面包及喜爱的调味料，亦可直接单吃。

注意
刨甜菜根丝时要小心，它的鲜红色汁液会染色！

大豆
摄取大豆有助于减少更年期的热潮红症状，[117] 同时也能降低女性罹患乳腺癌的风险。[118] 事实上，被诊断出乳腺癌的女性中，多吃大豆的人明显比少吃的人活得更长，乳腺癌复发率也明显更低。[119]

"每日饮食十二清单"中的食物

√ 豆类　√其他蔬菜　√坚果与种子　√香草与香料　√全谷物

鲜蔬豆馅墨西哥馅饼

分量：*4*份 · 难易度：*简单*

如果能享受到美味可口的鲜蔬豆馅墨西哥馅饼，谁还需要踏入"奶酪陷阱"？

小型红洋葱（切末）…1个

大蒜（切末）…3瓣

叶甜菜或红羽衣甘蓝（切细碎）…1把（约5杯）

罗马西红柿（切碎）…2个

煮熟的白腰豆…1$\frac{1}{2}$杯，或不含双酚A的罐头或利乐包的无盐白腰豆（冲洗并沥干）…1罐（440克）

营养酵母…2大匙

辣椒粉…1小匙

香辣复合调料（做法见P4，可省略）…适量

健康辣酱（做法见P8，可省略）…适量

100%全麦墨西哥薄饼（25厘米）…4片

夏日莎莎酱（做法见P41，可省略）…适量

水…1/4杯

❶ 将水倒入锅中以中火加热，加入红洋葱末和大蒜末，煮约5分钟至变软。再加入叶甜菜碎与西红柿碎，煮约5分钟，并持续搅拌至蔬菜变软、汤汁收干。

❷ 煮蔬菜的同时，将白腰豆放入碗中捣碎，并加入营养酵母、辣椒粉及香辣复合调料和健康辣酱拌匀。

❸ 将步骤1的蔬菜沥干后，拌入步骤2的豆类中即成馅料，必要时可依口味酌量添加个人喜欢的调味料。

❹ 将馅料平分到每张墨西哥薄饼的下半张上，然后把上半张薄饼对折覆盖在下半张的馅料上，并轻轻按压让两半夹在一起。

❺ 把两个压制好的馅饼放在大型不粘煎锅或煎炉上，用中火煎到两面都呈现浅褐色（中间宜翻面一次，每面煎约3分钟）。

❻ 将剩下的馅饼重复上述动作，食用时，将每个馅饼切成3或4等份排于盘内，即可搭配夏日莎莎酱享用。

"每日饮食十二清单"中的食物

√ 豆类　√ 绿叶菜　√ 其他蔬菜　√ 香草与香料　√ 全谷物

SEVEN

蔬食主食

值得庆幸的是，
蔬菜沦为盘子边缘配菜的日子正迅速远去，
这是大有道理的，
因为美味的蔬菜会让你一口接一口
吃到停不下来。
本章里的料理都是兼具创新与美味，
能让蔬菜成为舞台上的主角的完美菜式！

西葫芦面佐牛油果腰果白酱

青酱胡萝卜面佐白腰豆西红柿

烤南瓜佐香辣红酱

烤蔬菜千层面

镶波特菇佐香草蘑菇酱汁

烤菜花佐柠檬芝麻酱

蔬菜塔佐西红柿红椒淋酱

菜花排佐摩洛哥青酱

波特菇绿蔬烤吐司

西葫芦面佐牛油果腰果白酱

分量: *4*份（每份 1³/₄ 杯）· 难易度: *中等*

如果你没有螺旋刨丝器也别担心，还是可以自己做出西葫芦面条。只要使用日常用的蔬菜削皮器，就能把西葫芦刨出细薄长丝。

生腰果（浸泡4小时后沥干）···1 杯

营养酵母···2 大匙

白味噌酱···2 小匙

蔬菜高汤（做法见 P6）或水···1¹/₂ 杯

熟牛油果（去皮去核）···1/2 个

柠檬（去皮打碎，做法见 P3）···1 大匙

中型西葫芦（切除头尾，用螺旋刨丝器或刀切成细薄如面般的长条）···4 ~ 6 个

葡萄西红柿（纵向切半）···1 杯

黑胡椒粉或红椒片···适量

新鲜欧芹或罗勒（切末）···2 大匙

坚果帕马森"干酪"（做法见 P4）···适量

❶ 用搅拌机高速搅打生腰果至碎，再加入营养酵母、白味噌酱和蔬菜高汤，搅打至细滑。

❷ 加入熟牛油果和柠檬碎，搅打成细滑的腰果酱备用（若酱汁太浓稠，可用每次加入 1 大匙蔬菜高汤的方式调整稠度）。

❸ 将西葫芦面条用开水蒸 2 ~ 4 分钟至软，备用。

❹ 将步骤 2 的腰果酱放入大汤锅或深煎锅中，以小火加热并经常搅拌。

❺ 在步骤 4 的锅中加入西葫芦面条和葡萄西红柿，约煮 5 分钟并轻搅至蔬菜熟透后即可盛盘（若酱汁太浓稠，可加点蔬菜高汤调整浓度），撒上适量黑胡椒粉、欧芹末及坚果帕马森"干酪"享用。

螺旋刨丝

传统面条是由谷物所制成的，但有了平价的螺旋刨丝器，就可以用蔬菜自制面条，把新鲜蔬菜变成蔬菜面条。

"每日饮食十二清单"中的食物

√ 其他水果   √ 其他蔬菜   √ 坚果与种子   √ 香草与香料

青酱胡萝卜面佐白腰豆西红柿

分量：*4*份（每份 1¹/₂ 杯） · 难易度：*中等*

青酱就像有魔法：把一种绿叶菜（罗勒）做一点点加工，变变变！就变成了美味可口的青酱！这份食谱中的青酱，也可以搭配全麦或豆制意大利面。

大蒜…3 瓣

白味噌酱…1 小匙

罗勒叶…3 杯

杏仁或核桃…1/3 杯

营养酵母…2 大匙

蔬菜高汤（做法见 P6）或水…1/2 杯

黑胡椒粉…适量

大型胡萝卜…4 根

煮熟的白腰豆…1¹/₂ 杯，或不含双酚 A 的罐头或利乐包的无盐白腰豆（冲洗并沥干）…1 罐（440 克）

葡萄西红柿或樱桃西红柿（纵向切半）…1 杯

坚果帕马森"干酪"（做法见P4）…适量

❶ 将大蒜和白味噌酱放入食物处理机中，搅打至大蒜成细末，再加入罗勒叶、杏仁和营养酵母，搅打至细末状。

❷ 继续加入蔬菜高汤和黑胡椒粉，搅打至细滑（必要时可多加点蔬菜高汤，以达成想要的青酱质地），备用。

❸ 将胡萝卜用螺旋刨丝器、万用切丝切片器或蔬果削皮器切成细薄的长条，并把胡萝卜面条蒸 5 ~ 7 分钟至软。

❹ 将蒸好的胡萝卜面条与白腰豆、西红柿和青酱放进浅碗中，轻轻拌匀，撒上坚果帕马森"干酪"即可享用。

核桃

核桃可能是最健康的坚果，含有最多的 omega-3 和抗氧化剂，是我最喜欢的坚果。我经常会用核桃来替代食谱中的其他坚果，将餐点的营养价值最大化。

"每日饮食十二清单"中的食物

√ 豆类　√ 其他蔬菜　√ 坚果与种子　√ 香草与香料

烤南瓜佐香辣红酱

分量: *4*份（每份 1½杯）· 难易度: *简单*

请记住，就像大多数的蔬菜一样，颜色越丰富的南瓜，抗氧化剂的含量可能就越多。

大型南瓜(切半)···1个(约1.4千克)

水···2 大匙

大蒜 (切末) ···3 瓣

新鲜、罐头或利乐包的西红柿(切小丁) ···3 杯

罐头西红柿糊···2 大匙

香酯醋···1 小匙

白味噌酱···1 小匙

干罗勒···1 小匙

红椒片···1/2 小匙或适量

香辣复合调料(做法见P4)···适量

新鲜欧芹 (切末) ···1/4 杯

黑胡椒粉···适量

坚果帕马森"干酪"(做法见P4)···适量

❶ 烤箱预热至 175℃，将切半的南瓜放于大烤盅内，切面朝上，加入 2.5 ~ 5 厘米深的水，并盖紧烤盅，烘烤 45 ~ 60 分钟，直至南瓜变软。

❷ 在烤南瓜的同时，以大煎锅准备酱料：

● 将水以中火加热，加入大蒜末后煮 1 分钟使其变软。

● 加入除坚果帕马森"干酪"外的材料拌匀，再煮 5 分钟，保温备用。

❸ 南瓜烤好去籽后，用叉子将瓜刮成细条，放进大碗里，加入步骤 2 的酱料轻拌均匀，最后撒上坚果帕马森"干酪"即可享用。

小贴士
这种香辣红酱搭配西葫芦面或全麦意大利面也很棒哦！

生坚果

坚果采用生吃的方式是最健康的！当高脂肪与高蛋白食物暴露在高于120℃的温度下，就会产生糖基化终产物（AGEs）。这些名副其实的糖毒素被认为会加速老化过程，且 AGEs 在炙烤、炉烤、煎炸和烧烤的肉类中含量最高。脂肪和蛋白质含量较高的植物食品（如大豆食品或坚果）经过炙烤或烘烤后，也会出现 AGEs。

"每日饮食十二清单"中的食物

√ 其他蔬菜 √ 坚果与种子 √ 香草与香料

烤蔬菜千层面

分量: *6* 份（每份 1¹⁄₂ 杯）· **难易度:** *中等*

千层面最美妙的地方，就是可以做出完全符合自己口味的版本。若不喜欢茄子，那就改用切片的波特菇*（像我就是），想要做得饱足一点，就把蒸过的天贝压碎，加进西红柿红酱里，一如往常，也可以考虑加些切碎的绿叶菜，以及其他所有你想加的东西!

菜花（纵切成约 0.6 厘米的薄片）…1 颗

西葫芦（切成约 0.3 厘米的薄片）…1 个

茄子（切成约 0.3 厘米的薄片）…1 个

红椒（去籽并切丁）…1 个

100% 全麦千层面皮…9 片

煮熟的白腰豆…1¹⁄₂ 杯，或不含双酚 A 的罐头或利乐包的白腰豆（沥干、冲洗并压成泥）…1 罐（440 克）

营养酵母…1/4 杯

新鲜欧芹（切末）…1/4 杯

杏仁奶（做法见 P2）…1/2 杯

柠檬（去皮打碎，做法见 P3）…1 小匙

白味噌酱…1 小匙

干牛至…1 小匙

干罗勒…1 小匙

蒜粉…1 小匙

洋葱粉…1 小匙

红椒片…1/4 小匙或适量

黑胡椒粉…1/4 小匙

罐装或自制的西红柿红酱…3 杯

坚果帕马森"干酪"（做法见 P4）…1/4 杯

❶ 将烤箱预热至 220℃，取两个烤盘铺入硅胶垫或烘焙纸后，将菜花置于一个烤盘上，西葫芦和茄子则置于另一个烤盘上，之后把红椒丁撒于西葫芦与茄子上。

❷ 将两盘蔬菜放入烤箱，并采用中间翻面一次的方式，共烤约 20 分钟至软。

❸ 烤蔬菜的同时，依照包装指示烹煮千层面皮，沥干水分备用。

❹ 将烤好的蔬菜取出放凉，并将烤箱温度调至 180℃。

❺ 将烤好的菜花放入食物处理机，搅打至碎丁后放大碗里，并加入除西红柿红酱与坚果帕马森"干酪"外的材料拌匀。

❻ 组合时，将西红柿红酱均匀抹于 23 厘米 ×33 厘米的烤盘底后，依序铺上千层面皮、一半烤好的蔬菜、一半分量的菜花泥、一层千层面皮、更多西红柿红酱、蔬菜、菜花泥，重复上述步骤，直至用完最后一片面皮。

❼ 在步骤 6 的最上层涂上西红柿红酱，并洒上坚果帕马森"干酪"，加盖，送入烤箱中烤 30 ~ 40 分钟，或直至加热至冒泡程度后取出，静置 10 分钟即可切块分食。

* 波特菇个头较大，为一般香菇的 3 ~ 4 倍，其质地肥厚，水分充足，适合煎、烤、煮等烹调法。

"每日饮食十二清单"中的食物

√ 豆类　√ 其他蔬菜　√ 坚果与种子　√ 香草与香料　√ 全谷物

镶波特菇佐香草蘑菇酱汁

分量：4份 · 难易度：简单

假如我列的是"每日烤物十二清单"的话，那么菇类很可能会名列其中。虽然没有非常强有力的证据来证明，但有很多有趣的新研究显示了菇类所带来的益处，特别是在免疫功能方面的改善。如果手边没有新鲜菇类，干香菇也是不错的选择。我把它们用来煮汤、加在意大利面酱里，或者让它们成为明星主角，就像这道菜一样。

大型波特菇（去梗）…4朵

青葱（切粗碎）…2根

大蒜（切末）…2瓣

菠菜叶（松散地装填）…3杯

煮熟的鹰嘴豆…1$\frac{1}{2}$杯，或不含双酚A的无盐鹰嘴豆罐头或利乐包（冲洗并沥干）…1罐（440克）

芝麻酱…2大匙

营养酵母…2大匙

白味噌酱…2大匙

柠檬（去皮打碎，做法见P3）…1小匙

洋葱粉…1/2小匙

烟熏红椒粉…1/2小匙

黑胡椒粉…适量

100%全麦面包粉…1/2杯

亚麻籽粉…2大匙

红葱头（切细末）…2个

新鲜综合菇类（切碎）…2杯

蔬菜高汤（做法见P6）…1$\frac{1}{2}$杯

干百里香…1小匙

干鼠尾草…1/2小匙

新鲜欧芹（切碎）…2大匙

水…1/4杯与2大匙

---

❶ 烤箱预热至200℃。将波特菇以蒂头朝下的方式排于烤盘中，加入1/4杯水，放入烤箱烤10分钟使之变软。

❷ 在烤波特菇的同时，准备馅料：
- 将青葱碎、大蒜末、菠菜叶和鹰嘴豆放入食物处理机中搅打成细末。
- 加入芝麻酱、营养酵母、1大匙的白味噌酱、柠檬碎、洋葱粉、烟熏红椒粉和适量的黑胡椒粉，搅打均匀。
- 加入面包粉和亚麻籽粉搅打，同时保留些鹰嘴豆的口感。
- 将烤好的波特菇翻面，舀进上述的馅料混合物，并把馅料轻压入每朵菇中。送入烤箱烤约20分钟，或者直至馅料变熟，菇变软。

❸ 在烤镶波特菇的同时，准备酱汁：
- 将2大匙水放入煎锅中，以中火加热。加入红葱头末，煮约3分钟至变软。
- 接着加入切碎的综合菇类，煮2~3分钟使之变软。
- 加入蔬菜高汤、剩下的白味噌酱、干百里香、干鼠尾草和适量的黑胡椒粉拌匀。
- 煮沸后转小火焖5分钟。将上述混合物倒入搅拌机或食物处理机中，搅打至细滑。

❹ 在烤好的镶波特菇上淋上酱汁，并撒上欧芹碎，趁热享用。

小贴士
这款酱汁搭配黑豆汉堡（做法见P88）和红藜面包（做法见P156）也很好吃哦！

"每日饮食十二清单"中的食物

√ 豆类　√ 绿叶菜　√ 其他蔬菜　√ 亚麻籽　√ 坚果与种子　√ 香草与香料

烤菜花佐柠檬芝麻酱

分量：*4份*（每份1杯） · 难易度：*简单*

　　菜花是另一种可用炉烤、水煮、煎炒、炙烤、清蒸或生吃等多种方式享用的营养蔬菜。而这道料理中用了整颗菜花，可成为餐桌上好看又美味的主角。

大蒜（压碎成末）…3瓣

白味噌酱…2小匙

芝麻酱…1大匙

柠檬（去皮打碎，做法见P3）…1$\frac{1}{2}$大匙

营养酵母…2大匙

无盐石磨芥末酱…1/2小匙

新鲜姜黄（磨泥）…1段（约0.6厘米），或姜黄粉…1/4小匙

香辣复合调料（做法见P4）…适量

菜花（去掉叶子和粗梗）…1颗

新鲜欧芹（切碎）…3大匙

黑胡椒粉…适量

水…1/2杯

❶ 将大蒜末和白味噌酱放进食物处理机或搅拌机里，搅打至大蒜成细末。加入水、芝麻酱、柠檬碎、营养酵母、芥末酱、姜黄泥和香辣复合调料，搅打成细滑酱汁后备用。

❷ 将水倒入大锅里煮沸后，放入整颗菜花使之完全浸入水中，并加盖煮约8分钟。

❸ 烤箱预热至200℃，将煮好的菜花以茎朝下的方式放入浅烤盘中，并加入约1.2厘米深的水。之后将约一半的酱汁淋在菜花上，并用手指将酱汁均匀抹于表面。

❹ 将步骤3的菜花烤约40分钟至软后，把欧芹碎和黑胡椒粉加入剩余酱汁中拌匀，并依口味酌量添加个人喜欢的调味料。

❺ 将调好的剩余酱汁用小汤锅或微波炉加热，当菜花烤好后置于大浅盘上，淋上剩余酱汁，即可趁热享用。

菜花

若在饮食中只能加入一种东西，可以考虑十字花科的蔬菜，如菜花。每日食用不到一份的菜花、西蓝花、球芽甘蓝、卷心菜或羽衣甘蓝，就可减少罹患某些癌症一半以上的风险。[120]

"每日饮食十二清单"中的食物

√十字花科蔬菜　　√坚果与种子　　√香草与香料

蔬菜塔佐西红柿红椒淋酱

分量: *4份* · 难易度: *中等*

　　这道料理必须花点时间来组合，但所花的工夫是非常值得的。实际上这是一道相当简单的料理，但摆盘后看起来很华丽，绝对是能令你的用餐伴侣感到惊艳的完美选择！

大型茄子（切除蒂头，切成厚约1.2厘米的圆片，取4片）…1个

大型红洋葱（切成厚约1.2厘米的圆片，取4片）…1个

大型橘色或黄色甜椒（纵切成4片）…1个

大型波特菇（切除梗和菌褶）…4朵

大型熟西红柿（切成厚约1.2厘米的圆片，取4片）…1～2个

红洋葱（切末）…3大匙

李子西红柿（切碎）…2个

烤红椒（自制或购买，做法见P9）…2个

白味噌酱…1小匙

干罗勒…1小匙

干百里香…1/2小匙

新鲜姜黄（磨泥）…1段（约0.6厘米）或姜黄粉…1/4小匙

黑胡椒粉…适量

新鲜欧芹（切末）…2大匙

水…3大匙

❶ 烤箱预热至220℃。

❷ 在两个大烤盘上铺好硅胶烤垫或烘焙纸。将茄子片排在其中一个铺好的烤盘上，不要重叠。把茄子烤约15分钟至软，其间翻面一次。

❸ 将烤盘从烤箱中移出，摆在一旁放凉；然后把茄子片从烤盘上移开。同一时间，将红洋葱片也以不重叠的方式排在另一个烤盘上，烤7～8分钟。

❹ 将红洋葱片翻面，然后在同一个烤盘上放上甜椒片，烤约15分钟至蔬菜变软后，取出放凉备用。

❺ 将波特菇放在之前放茄子的烤盘上排好，菌褶面朝上，烤约10分钟至软后，取出放凉备用。

❻ 把烤箱温度调至180℃。

❼ 把烤好的蔬菜组合成蔬菜塔：首先，把4个波特菇留在烤盘上，菌褶面朝上。在每个波特菇上放一片茄子片，接着依序放上红洋葱片、甜椒片和西红柿片后，覆盖上另一个烤盘，将蔬菜放入烤箱，烤约20分钟。

❽ 在烤蔬菜的同时，制作酱料：

● 将水倒入煎锅中，以中火加热，然后加入红洋葱末。加盖煮4分钟，或直至变软。

● 再加入李子西红柿、烤红椒、白味噌酱、干罗勒、干百里香、姜黄泥和适量的黑胡椒粉拌匀。

● 盖上锅盖，炖煮约5分钟，直至蔬菜变得非常软。

● 将上述混合物倒入食物处理机中，搅打酱料直至细滑。在食用前持续以小火保温。

"每日饮食十二清单"中的食物

√ 其他蔬菜　　√ 香草与香料

---

❾ 当蔬菜塔烤好后，使用金属抹刀小心地将它们从烤盘中取出。将蔬菜塔分别放于每个餐盘中间，并把酱汁淋在每个塔的上面和周围，且撒上欧芹末作为装饰，即可趁热享用。

小贴士
为了让菜看起来更吸引人，宜将制作蔬菜塔的蔬菜切成差不多大小。蔬菜的剩余部分可留作其他用途。

甜椒

吃甜椒可以明显降低罹患帕金森症的风险。[121] 研究发现，橘色甜椒在体外实验中可以抑制超过 75% 的前列腺癌细胞生长。[122] 一般而言，红色、橘色和黄色的甜椒比青椒的营养更丰富。

菜花排佐摩洛哥青酱

分量: **4**份（每份 1¹/₂ 杯）· 难易度: **简单**

　　摩洛哥青酱（Chermoula）是一种北非料理中使用的酱料，通常是由香料、油、柠檬汁、腌柠檬、大蒜、小茴香和盐等材料混合而成的；其中也可能包含洋葱、香菜叶、辣椒粉、黑胡椒或番红花。这是我所尝过最引人入胜的味道之一，能将这道菜花排的风味提升到另一个层次，而这道料理也可搭配藜麦饭、糙米饭、红米饭或黑米饭，成为丰盛的一餐。

菜花（去梗去核，并切成 1.2 厘米厚的片）…1 颗

大蒜（压碎）…3 瓣

新鲜欧芹（切粗碎）…3/4 杯

新鲜香菜叶（切粗碎）…3/4 杯

新鲜姜黄（磨泥）…1 段（约 0.6 厘米），或姜黄粉…1/4 小匙

白味噌酱…1 小匙

香菜籽粉…1/2 小匙

小茴香粉…1/2 小匙

烟熏红椒粉…1/2 小匙

姜粉…1/4 小匙

卡宴辣椒粉…1/4 小匙

柠檬（去皮打碎，做法见 P3）…1 大匙

水…1/4 杯

❶ 烤箱预热至 220℃，将菜花片排在铺有硅胶烤垫或烘焙纸的大烤盘上，放入烤箱后用中间翻面一次的方式，烤约 15 分钟至软。

❷ 将大蒜碎、欧芹碎、香菜碎和姜黄泥放入食物处理机中，搅打至成细末，再加入白味噌酱、香菜籽粉、小茴香粉、烟熏红椒粉、姜粉、卡宴辣椒粉、柠檬碎和水，搅打至细滑后制成酱汁备用。

❸ 将烤好的菜花片从烤箱中取出，用金属抹刀移到浅餐盘上，淋上酱汁后即可趁热享用。

"每日饮食十二清单"中的食物

√ 十字花科蔬菜　　√ 香草与香料

波特菇绿蔬烤吐司

分量：*4*份（每份包含 1 片面包 + 1 杯波特菇和绿叶菜）· 难易度：**简单**

尽管我很喜欢菇类，但它们却很少成为我的主菜，只有波特菇例外，因为它营养非常丰富且容易让人产生饱腹感。这道用刀叉食用的外馅三明治，可以说是一道快速简单的午餐或晚餐主菜。

波特菇（去梗切薄片）…225 ~ 340 克

青葱（切末）…3 根

菠菜或叶甜菜（切碎）…6 杯

干百里香…1 小匙

烟熏红椒粉…1/2 小匙

黑胡椒粉…1/4 小匙

鲜味酱（做法见 P5）…2 大匙

无盐石磨芥末酱…1/2 小匙

杏仁奶（做法见 P2）…1/3 杯

100% 全麦面包…4 片

新鲜欧芹（切碎）…2 大匙

水…2 大匙

❶ 将水倒入大煎锅中，以中大火加热，加入波特菇，翻炒至变软。

❷ 加入青葱末和菠菜碎，以边煮边搅拌的方式煮 1 ~ 2 分钟，让其熟透。

❸ 加入干百里香、烟熏红椒粉、黑胡椒粉、鲜味酱、芥末酱和杏仁奶搅拌均匀，再煮 1 ~ 2 分钟使之微变浓稠。

❹ 将面包放入烤箱烤熟的同时，让步骤 3 的酱料持续保温。待面包烤好后，将每片面包切半，排于盘中，在面包上放上步骤 3 的酱料，并撒上欧芹碎，即可趁热享用。

举一反三
可以在食谱中加入 1 杯煮熟的豆类，亦可把吐司换成糙米饭、黑米饭或红米饭，或者其他全谷物。如果你喜欢，也可以用香菇替代波特菇。同样地，也可以用羽衣甘蓝或塔菇菜替代菠菜或叶甜菜。

菇类

菇类或许可以增强免疫功能！澳大利亚的一项研究发现，每天食用一杯煮熟的白蘑菇，可以将唾液中的 IgA 值（IgA 是一种中和与防止病毒侵入体内的抗体）提升高达 50%。[123] 这代表它可以降低病毒感染的概率。[124]

"每日饮食十二清单" 中的食物

√ 绿叶菜　　√ 其他蔬菜　　√ 香草与香料　　√ 全谷物

豆类料理

本章包含了五花八门的豆类料理，
如浓浓异国风味的鹰嘴豆蔬菜塔吉锅、汉堡豆排佐哈里萨酱、西洋菜裂豌豆泥，
以及因"每日饮食十二清单"所启发的美国乡村料理，
如烟熏黑眼豆与甘蓝叶
及小扁豆牧羊人派。
其中也包含了使用天贝与素肉条（Soy Curl）的食谱。
希望你跟我一样，
会喜欢炖天贝与青江菜佐姜泥和路易斯安那风味素肉条。

鹰嘴豆蔬菜塔吉锅

分量：*4*份（每份1¼杯）· 难易度：*简单*

用大量蔬菜与香料所做成的这道美味菜肴，特别适合搭配藜麦饭、糙米饭、红米饭或黑米饭。塔吉锅（Tagine）是北非常见的料理，指的是烹调食物的陶罐，也代指料理本身。

红洋葱（切碎）…1个

胡萝卜（切碎）…1根

青椒（去籽并切碎）…1个

大蒜（切末）…1瓣

嫩姜（切末）…1½小匙

罐头西红柿糊…2大匙

肉桂粉…1/4小匙

小茴香粉…1/2小匙

烟熏红椒粉…1/2小匙

新鲜姜黄（磨泥）…1段（约0.6厘米），或姜黄粉…1/4小匙

卡宴辣椒粉…1/8～1/4小匙或适量

蔬菜高汤（做法见P6）…2杯

四季豆（切成2.5厘米长的小段）…1杯

蘑菇（切丁）…2杯

煮熟的鹰嘴豆…1½杯，或不含双酚A的罐头或利乐包的无盐鹰嘴豆（冲洗并沥干）…1罐（440克）

新鲜香菜叶或欧芹（切末）…2大匙

柠檬（去皮打碎，做法见P3）…2小匙

葡萄干或杏干（后者要切末）…1大匙

水…1/4杯

❶ 将水倒进大汤锅中，以中火加热，加入红洋葱碎、胡萝卜碎和青椒碎，加盖煮5分钟。

❷ 加入大蒜末、嫩姜末、西红柿糊、肉桂粉、小茴香粉、烟熏红椒粉、姜黄泥和卡宴辣椒粉拌匀。

❸ 加入蔬菜高汤、四季豆、蘑菇丁和鹰嘴豆，待煮沸后转小火，加盖炖煮约20分钟至蔬菜变软。

❹ 拌入香菜末、柠檬碎和葡萄干，再煮5分钟，必要时可依口味酌量添加个人喜欢的调味料，即可搭配米饭趁热享用。

"每日饮食十二清单"中的食物

√豆类 √其他水果 √其他蔬菜 √香草与香料

烟熏黑眼豆与甘蓝叶

分量：*4*份（每份 $1^3/_4$ 杯）· 难易度：*简单*

这是一道能让人享用到绿叶菜美味的美国南方经典料理，假如没有新鲜甘蓝叶，也可用冷冻甘蓝叶或羽衣甘蓝等替代。这道料理我永远都吃不腻，特别适合搭配藜麦饭、糙米饭、黑米饭或红米饭。

新鲜甘蓝叶（充分洗净并去除粗梗）…675 克

小型红洋葱（切碎）…1 个

大蒜（切末）…1 瓣

烟熏红椒粉…1 小匙

新鲜姜黄（磨泥）…1 段（约 0.6 厘米），或姜黄粉…1/4 小匙

香辣复合调料（做法见 P4）…适量

白味噌酱…1 小匙

不含双酚 A 的罐头或利乐包的无盐西红柿丁（沥干）…1 罐（410 克）

煮熟的黑眼豆…$1^1/_2$ 杯，或不含双酚 A 的罐头或利乐包的无盐黑眼豆（冲洗并沥干）…1 罐（440 克）

健康辣酱（做法见 P8）…适量

❶ 将甘蓝叶放进开水中，煮约 20 分钟至软且充分沥干后，留下 1/4 杯的煮菜水，之后将甘蓝叶切成大块备用。并将留下的煮菜水放进大煎锅中，以中火加热。

❷ 锅中加入红洋葱碎、大蒜末、烟熏红椒粉、姜黄泥和香辣复合调料，加盖煮约 4 分钟，直至洋葱变软。

❸ 加入白味噌酱、西红柿丁、黑眼豆、甘蓝叶和健康辣酱拌匀，炖煮约 10 分钟，直至蔬菜煮熟及味道融合后，即可搭配米饭趁热享用。

"每日饮食十二清单"中的食物

√ 豆类　√ 绿叶菜　√ 其他蔬菜　√ 香草与香料

炖天贝与青江菜佐姜泥

分量: 4 份（每份 2 杯）· 难易度: 中等

虽然豆腐的营养价值很高，但我还是比较喜欢天贝，因为它是营养流失较少的全大豆食物。我喜欢在这道料理中放入天贝，但你也可以轻易地调整食谱，不使用天贝，多加一点青江菜和其他蔬菜，并搭配不同的豆类。

天贝（切成 1.2 厘米的小丁）…450 克

蔬菜高汤（做法见 P6）或水…1 杯

中型红洋葱（切碎）…1 个

小型嫩青江菜（去除不要部分后纵切成半）…3 ~ 4 个，或大型青江菜（切粗碎）…5 杯

大蒜（切末）…3 瓣

嫩姜（磨泥）…2 大匙

白味噌酱…2 大匙

米醋…1 大匙

鲜味酱（做法见 P5）…2 大匙

红椒片…1/2 小匙或适量

椰枣粉…1 小匙

红椒（切末）… 1/2 个

蘑菇（切碎）…1 杯

青葱（切碎）…4 根

❶ 将天贝放在蒸盘中，以开水蒸 15 分钟后取出备用。

❷ 将 1/4 杯蔬菜高汤倒入大煎锅或炒锅中，以中大火加热，加入红洋葱碎和青江菜，翻炒约 5 分钟至软，盛起备用。

❸ 将剩余的 3/4 杯蔬菜高汤倒进同一个煎锅中，以中火加热，拌入大蒜末、嫩姜泥、白味噌酱、米醋、鲜味酱、红椒片和椰枣粉。

❹ 加入红椒末、蘑菇碎、青葱碎和蒸好的天贝拌匀，关小火并不时搅拌，炖煮 5 分钟。

❺ 锅中加入步骤 2 中炒好的红洋葱碎和青江菜，再煮 3 分钟使所有食材熟透，即可趁热享用。

姜

一项双盲随机的对照临床实验，比较姜与世界最畅销的药物之一舒马曲坦（Sumatriptan，商品名为英明格（Imitrex））治疗偏头痛的疗效。实验结果显示，一小撮姜粉的效果和药物一样好也一样快[125]（且成本低于美金一分钱）。姜也有助于缓解痛经（这是高达 90% 的年轻女性都有的症状），只要在经期开始前几天，每天服用 3 次姜粉，每次 1/8 小匙，就能将疼痛程度从 8 降至 6（疼痛量表中将疼痛程度分为 0 ~ 10 共 11 级），并且在下个月还能进一步降到 3。[126]

"每日饮食十二清单"中的食物

√ 豆类　√ 十字花科蔬菜　√ 其他蔬菜　√ 香草与香料

咖喱鹰嘴豆菜花

分量: 4份（每份2杯）· 难易度: 简单

这道咖喱结合了植物中的两个超级巨星家族——豆类与十字花科蔬菜，真是天作之合。假如不想吃四季豆，也可以用绿豌豆或毛豆替代，搭配糙米饭食用。

蔬菜高汤（做法见P6）···1杯

红洋葱（切碎）···1个

大蒜（切碎）···2瓣

墨西哥辣椒（去籽并切末）···1个（可省略）

咖喱粉···$1\frac{1}{2}$ 大匙

菜花（去梗并切成小朵）···1颗

四季豆（去除不要部分，并切成2.5厘米的小段）···225克

不含双酚A的罐头或利乐包的无盐西红柿丁（不用沥干）···1罐（410克）

烤红椒（自制或购买，做法见P9）···2个

杏仁奶（做法见P2）···1杯

营养酵母···3大匙

烟熏红椒粉···1/2小匙

煮熟的鹰嘴豆···$1\frac{1}{2}$ 杯，或不含双酚A的罐头或利乐包的无盐鹰嘴豆（冲洗并沥干）···1罐（440克）

糙米饭（搭配食用）···适量

❶ 将蔬菜高汤倒入大锅中，以中大火加热煮沸，加入红洋葱碎与大蒜碎后，加盖煮约3分钟至软。

❷ 加入墨西哥辣椒末和咖喱粉拌匀，再加入菜花、四季豆段、西红柿丁和烤红椒，并加盖待煮沸后转小火，炖煮约20分钟至蔬菜变软。

❸ 用手持搅拌器将步骤2的蔬菜略打碎，亦可从锅中舀2杯汤和料出来，倒进搅拌机或食物处理机中打成泥，再倒回锅中。

❹ 拌入杏仁奶、营养酵母、烟熏红椒粉和鹰嘴豆，再煮5～10分钟，使食材热透并味道融合后，即可将咖喱淋在糙米饭上享用。

"每日饮食十二清单"中的食物

√ 豆类　√ 十字花科蔬菜　√ 其他蔬菜　√ 香草与香料　√ 全谷物

小扁豆牧羊人派 *

分量: 4份 · 难易度: 中等

小扁豆可以在弹指之间就变成美味营养的汤品。假如你想要有更多变化, 不妨尝试这款美味可口的、像咸派一样的餐点。

小型红洋葱(切碎)…1 个

胡萝卜(切碎)…1 根

四季豆(去除不要的部分, 并切成 1.2 厘米的小段)…170 克

西葫芦或黄色的夏南瓜(切碎)… 1 个

蔬菜高汤(做法见 P6)…1 杯

蘑菇(切碎)…225 克

白味噌酱…1 大匙

鲜味酱(做法见 P5)…2 大匙

新鲜百里香(切末)…1 小匙, 或干百里香…1/2 小匙

营养酵母…3 大匙

黑胡椒粉…适量

煮熟的小扁豆…2 杯

菜花泥(做法见 P175)…适量

❶ 将红洋葱碎、胡萝卜碎和四季豆放在蒸盘上, 用开水蒸 5 分钟后, 加入西葫芦碎再蒸 3 分钟, 直至蔬菜变软。沥干后放在浅烤盘中备用。

❷ 将蔬菜高汤倒进汤锅中, 以中火加热, 加入蘑菇碎、1 大匙白味噌酱、鲜味酱、百里香末、2 大匙营养酵母和黑胡椒粉, 以边搅拌边煮的方式煮 5 分钟, 至蘑菇变软。

❸ 将步骤 2 的混合物倒入搅拌机或食物处理机, 加入 1/2 杯熟的小扁豆, 搅打至细滑(亦可额外加入最多 1/2 杯蔬菜高汤, 让酱汁更细滑)。将酱汁跟剩余的 $1\frac{1}{2}$ 杯小扁豆混合, 加到蒸好的蔬菜中拌匀备用。

❹ 烤箱预热至 190℃, 将剩余的 1 大匙营养酵母拌入菜花泥中, 然后舀于小扁豆和蔬菜上, 均匀覆盖表面, 烤 30 ~ 40 分钟即可享用。

小贴士
为节省时间, 可用 3 杯冷冻综合蔬菜来替代胡萝卜丁、四季豆和西葫芦。只要把冷冻蔬菜先蒸熟, 然后照着食谱做就可以了!

* 牧羊人派(Shepherd's pie)是英国的一种传统料理, 原指用土豆、肉类和蔬菜做的、不含面粉的派, 通常作为主食。

"每日饮食十二清单"中的食物

√ 豆类　√ 十字花科蔬菜　√ 其他蔬菜　√ 香草与香料

西洋菜裂豌豆泥

分量： *4* 份（每份 1½ 杯） · **难易度：** *简单*

　　我最喜欢的烹调裂豌豆的方式，就是做一道温暖且抚慰人心的汤品。（它会成为经典是有道理的。）就跟煮小扁豆一样，我也会把裂豌豆放进电饭锅里煮。以下食谱是将这些营养丰富的珍宝加入日常饮食的又一种方法。请记住：在我的理想世界里，每餐都应该享用豆科植物（豆类，如鹰嘴豆、裂豌豆或小扁豆）。

　　假如你喜欢，也可以用任何一种扁豆来替代食谱中的裂豌豆。若没有西洋菜，那就用菠菜或芝麻菜来替代。而这道美味的豆泥（Dal）可以搭配糙米饭、黑米饭或白米饭食用。

干的裂豌豆（挑选并冲洗）…1½ 杯

蔬菜高汤（做法见 P6）或水…3 杯

西洋菜或菠菜（切粗碎）…3 杯

不含双酚 A 的罐头或利乐包的无盐西红柿小丁（沥干）…1 罐（410 克）

新鲜香菜叶（切碎）…1/4 杯

水…2 大匙

大蒜（切末）…2 瓣

嫩姜（切细碎）…1 大匙

小型绿辣椒（去籽切末）…1 个

营养酵母…2 大匙

白味噌酱…1 小匙

小茴香粉…1 小匙

香菜籽粉…1/2 小匙

新鲜姜黄（磨泥）…1 段（约 0.6 厘米），或姜黄粉…1/4 小匙

柠檬（去皮打碎，做法见 P3）…2 小匙

❶ 将裂豌豆完全浸泡在开水里 1 小时，沥干后倒进装有蔬菜高汤的汤锅里，煮沸后转小火焖煮 45 ～ 60 分钟，直至裂豌豆变软。（如有需要，亦可多加点蔬菜高汤。）

❷ 当裂豌豆变软后，加入西洋菜、西红柿丁和香菜碎，搅拌至西洋菜煮熟后，转小火保温。

❸ 将水倒进小煎锅中，以中火加热，再加入大蒜末、嫩姜碎和绿辣椒末煮约 1 分钟，直至变软后离火。

❹ 加入营养酵母、白味噌酱、小茴香粉、香菜籽粉、姜黄泥和柠檬碎拌匀，再倒进裂豌豆泥中拌匀，即可趁热享用。

"每日饮食十二清单" 中的食物

√ 豆类　√ 绿叶菜　√ 其他蔬菜　√ 香草与香料

路易斯安那风味素肉条

分量: *4*份（每份1¹/₂杯）· 难易度: *简单*

　　素肉条（Soy Curl）是一种替代肉类的耐储存食品，其成分只有大豆，可以在有机食品商店或网络上买到。如果你喜欢，也可以用225克蒸熟的天贝丁或1¹/₂杯煮熟或罐装的红腰豆替代。而这道克里奥风味的菜肴，搭配煮好的绿叶菜或全谷物最为美味。

素肉条…1 杯

蔬菜高汤（做法见P6）或水…1¹/₄ 杯

克里奥无盐综合香料…1 大匙

罐头西红柿糊…2 大匙

白味噌酱…2 小匙

大型红洋葱（切碎）…1 个

大型青椒（去籽切碎）…1 个

西芹梗（切碎）…2 根

大蒜（切碎）…3 瓣

不含双酚A的罐头或利乐包的无盐西红柿丁（沥干）…1 罐（410 克）

月桂叶…2 片

干百里香…1 小匙

干罗勒…1/2 小匙

香辣复合调料（做法见P4）…适量

黑胡椒粉…适量

健康辣酱（做法见P8）…适量

❶ 将素肉条放入装有蔬菜高汤和克里奥无盐综合调料的大汤锅中煮沸后，加盖炖煮5分钟。

❷ 锅中拌入罐头西红柿糊、白味噌酱、红洋葱碎、青椒碎、西芹梗碎和大蒜碎，并盖上盖子，煮约10分钟至蔬菜变软。

❸ 拌入无盐西红柿丁、月桂叶、干百里香、干罗勒、香辣复合调料和黑胡椒粉后，掀盖再煮约15分钟，让所有味道融合并收汁。

❹ 食用前取出月桂叶，并加入健康辣酱即可享用。

"每日饮食十二清单"中的食物

√ 豆类　√ 其他蔬菜　√ 香草与香料

汉堡豆排佐哈里萨酱

分量: *4份* · 难易度: *简单*

有很多方法能做出美味的汉堡排。我会如此喜爱这份食谱的原因之一，就是这道汉堡豆排比大多数汉堡排配料更丰富也含有更多坚果，能让餐点更加丰盛。除了放在小圆面包里，这道料理也可以搭配煮熟的绿叶菜食用。

亚麻籽粉···1 大匙

柠檬（去皮打碎，做法见 P3）···2 小匙

传统燕麦片···1/2 杯

煮熟的腰豆或黑豆···1¹/₂ 杯，或不含双酚 A 的罐头或利乐包的无盐腰豆或黑豆（冲洗并沥干）···1 罐（440 克）

核桃（切碎）···1/2 杯

洋葱（切碎）···1/2 杯

大蒜···2 瓣

新鲜姜黄（磨泥）···1 段（约 0.6 厘米），或姜黄粉···1/4 小匙

芝麻酱···2 大匙

营养酵母···2 大匙

白味噌酱···1 大匙

烟熏红椒粉···1/2 小匙

新鲜欧芹（切末）···2 大匙

哈里萨辣酱（做法见 P9）···适量

❶ 将亚麻籽粉和柠檬碎放进小碗里拌匀备用。

❷ 把传统燕麦片用食物处理机磨成粗颗粒粉末，并加入腰豆、核桃碎、洋葱碎、大蒜和新鲜姜黄泥，搅打至完全混合。

❸ 加入芝麻酱、营养酵母、白味噌酱、烟熏红椒粉、新鲜欧芹末和步骤 1 中的亚麻籽粉和柠檬碎，并搅打至完全混合，再塑形成 4 块圆形汉堡排（质地应非常黏稠）。

❹ 将汉堡排放在铺入硅胶烤垫或烘焙纸的烤盘内，冷藏 30 分钟。待烤箱预热至 180℃后，将汉堡排放入烤箱烤 30 分钟。

❺ 将烤好的汉堡排用金属抹刀翻面，再烤 15 分钟直至变硬且呈褐色，即可淋上哈里萨辣酱享用。

豆类

研究人员发现，每天摄取约 6 克以上的可溶性纤维（分量约相当于一杯黑豆）的女性，与每天摄取不到 4 克可溶性纤维的女性相比，患乳腺癌的概率低了 62%。同时，美国癌症研究所（American Institute for Cancer Research）筛选了多项涉及 50 万人的研究，建立了一项经过全球 21 位顶级癌症研究人员审查、具有里程碑意义的科学共识报告。他们提出的其中一项癌症预防总结性建议，就是每顿饭都应吃全谷物或豆科植物（豆类，如裂豌豆、鹰嘴豆或小扁豆）。[127] 不是每周，也不是每天，而是每顿饭！

"每日饮食十二清单"中的食物

√ 豆类　　√ 其他蔬菜　　√ 亚麻籽　　√ 坚果与种子　　√ 香草与香料　　√ 全谷物

NINE

全谷物料理

有那么多美味可口且更健康的全谷物在等着你享用，

为什么要自我设限在无聊老套的白米饭上呢？

我喜欢糙米饭、红米饭和黑米饭。

的确，它们的烹调时间比较长，

这就是我常常会一次煮很多，然后分成几份冷冻起来的原因。

这样一来，每当需要时就可以很快地解冻、烹调和享用美食了。

在你浏览这些料理时，

别忘了还有大麦、荞麦、小米、伏利卡（Freekeh）和燕麦等其他全谷物，

在这些食谱中都可以交替使用。

此外，我也列出了一些很棒的全麦意大利面食谱供你选择。

奶酪通心面

分量: *4*份（每份1¹/₂杯）· 难易度: *简单*

这是一道特别抚慰人心的料理！如果你想用炉子来做这道料理，可以按照食谱的指示进行。但也可跳过烤箱烘烤的步骤，将面包粉与1/4小匙烟熏红椒粉以外的材料都放进锅里，用中火加热，直至所有食材变熟，烹调时要持续搅拌以防止烧焦，最后再撒上面包粉与烟熏红椒粉，就能享用了！

蔬菜高汤（做法见P6）…3 杯

红洋葱（切碎）…1/2 杯

大蒜（切碎）…1 瓣

胡萝卜或奶油南瓜（切碎）…1¹/₂ 杯

100% 全麦或豆制通心面或其他一口大小的意大利面…230 克

营养酵母…1/2 杯

杏仁酱…2 大匙

柠檬（去皮打碎，做法见 P3）…2 小匙

白味噌酱…2 小匙

无盐石磨芥末酱…1 小匙

烟熏红椒粉…1/2 小匙

新鲜姜黄（磨泥）…1段（约0.6厘米），或姜黄粉…1/4 小匙

香辣复合调料（做法见P4）…1 小匙或适量

绿叶菜或小朵的西蓝花（蒸熟切碎并压干水分）… 1 杯

全麦面包粉…1/4 杯

❶ 将 1 杯蔬菜高汤倒进大汤锅中，以中大火加热，加入红洋葱碎、大蒜碎和胡萝卜碎后，加盖再煮8～10分钟至蔬菜变软，从炉火上移开备用。

❷ 根据包装指示烹煮通心面直至弹牙后，充分沥干备用。

❸ 烤箱预热至190℃，将煮好的蔬菜、剩余的2杯蔬菜高汤、营养酵母、杏仁酱、柠檬碎、白味噌酱、无盐石磨芥末酱、1/4 小匙的烟熏红椒粉、新鲜姜黄泥和香辣复合调料放进搅拌机中，高速搅打至细滑成酱料，必要时可依口味酌量调整调味料。

❹ 将步骤 2 沥干的通心面与步骤 3 的酱料混合拌匀，拌入绿叶菜，然后倒进约 2.4 升的烤盆中。

❺ 撒上全麦面包粉和剩余的 1/4 小匙烟熏红椒粉，烘烤约 20 分钟至热且顶部呈金黄色，即可取出趁热享用。

"每日饮食十二清单"中的食物

√十字花科蔬菜　√其他蔬菜　√坚果与种子　√香草与香料　√全谷物

蔬菜免炒饭

分量：*4*份（每份2杯）· 难易度：*简单*

这道菜是经典料理的超级简易健康版，也是剩饭剩菜最完美的利用方式。还有哪种料理是你用冷饭和手边现有的蔬菜就可以做出来的？你也可以借着增加（或减少）调味料来量身打造出适合自己的口味。

鲜味酱（做法见 P5）…2 大匙

芝麻酱…1 大匙

白味噌酱…1 小匙

米醋…1 小匙

红椒片…1/4 ~ 1/2 小匙（可省略）

红洋葱（切细碎）…1 个

大型胡萝卜（刨丝）…1 根

小朵西蓝花…2 杯

大蒜（切末）…2 瓣

嫩姜（磨泥）…2 ~ 3 小匙

青葱（切末）…3 根

冷的糙米饭、红米饭或黑米饭…3 杯

绿豌豆…1 杯

水…1/2 杯

❶ 将鲜味酱、芝麻酱、白味噌酱、米醋和红椒片放进小碗中拌匀，拌入 1/4 杯水后备用。

❷ 将剩下的 1/4 杯水倒进大煎锅或炒菜锅中，以中大火加热，加入红洋葱碎与胡萝卜丝，用边煮边搅拌的方式煮约 5 分钟，直至蔬菜变软，再放入西蓝花、大蒜末、嫩姜泥和青葱末煮 4 分钟，并持续搅拌。

❸ 锅中加入糙米饭、绿豌豆和步骤 1 做好的酱汁，边煮边搅拌约 5 分钟，直至食材变熟并充分混合后即可享用。

"每日饮食十二清单"中的食物

√ 十字花科蔬菜　√ 其他蔬菜　√ 坚果与种子　√ 香草与香料　√ 全谷物

毛豆荞麦面佐杏仁综合酱

分量：*4*份（每份1¹/₂杯）·难易度：*简单*

荞麦是我母亲最喜欢的一种食物。大多数的早晨，她都会用荞麦片或烤荞麦加莓果和锡兰肉桂做成热麦片粥，开始她全新的一天。荞麦还有很多其他的用途，特别是可以做成荞麦面。

杏仁酱…1/4 杯

大蒜（切碎）…1 瓣

嫩姜（切末）…2 小匙

鲜味酱（做法见 P5）…2 大匙

红椒片…1/2 小匙或适量

青柠（去皮打碎，做法见 P3）…1 大匙

白味噌酱…1 大匙

100% 荞麦面…230 克

冷冻去壳毛豆（解冻）…1 杯

红椒（切成细丝）…1 个

胡萝卜（刨丝）…1 根

青葱（切碎）…3 根

芝麻…1 大匙

水…2/3 杯

❶ 将杏仁酱、大蒜碎、嫩姜末、鲜味酱、红椒片、青柠碎、白味噌酱和水放进搅拌机或食物处理机中，搅打至细滑备用。

❷ 依据包装指示烹煮荞麦面，并加入毛豆煮熟，然后将两者沥干，以冷水持续冲洗，并放进食用碗里，加入红椒丝、胡萝卜丝和青葱碎。

❸ 将步骤 1 做好的酱料放入步骤 2 的面和蔬菜中拌匀，必要时可依口味酌量调整调味料，之后撒上芝麻，即可享用。

举一反三
可用煮熟的天贝丁替代毛豆，亦可用花生酱、芝麻酱替代杏仁酱。

坚果
有时候，会觉得一天的时间总是不够完成所有该做的事。与其试着延长你的一天，何不把你的人生变长两年？要实现这个目标，只需要一个简单又美味的举动，那就是规律地食用坚果——每天一把（或约1/4 杯）、一周至少五天，就可以延长你的寿命。[128]

"每日饮食十二清单"中的食物

√豆类 √其他蔬菜 √坚果与种子 √香草与香料 √全谷物

胡萝卜鹰嘴豆藜麦抓饭

分量：*4*份（每份1¹/₂杯）· 难易度：**简单**

糙米、红米、黑米、全麦库斯库斯（北非小米），或者其他全谷物都可以替代这道料理中的藜麦，只要留意调整烹调时间即可。

藜麦（充分洗净并沥干）…1 杯

柠檬（去皮打碎，做法见 P3）…2 小匙

椰枣粉…1 小匙

小茴香籽…1 小匙

烟熏红椒粉…1 小匙

白味噌酱…1 小匙

香辣复合调料（做法见 P4）…1 小匙或适量

胡萝卜（刨丝）…3 根

煮熟的鹰嘴豆…1¹/₂ 杯，或不含双酚 A 的罐头或利乐包的无盐鹰嘴豆（冲洗并沥干）…1 罐（440 克）

豌豆…1 杯

葡萄干…1/3 杯

新鲜香菜叶或欧芹（切末）…1/4 杯

水…2 杯

❶ 将水倒进汤锅里煮沸，加入藜麦后转小火，加盖炖煮约 15 分钟至藜麦变软且汤汁收干，备用。

❷ 将柠檬碎、椰枣粉、小茴香籽、烟熏红椒粉、白味噌酱和香辣复合调料放进大碗中搅打混合。

❸ 加入步骤 1 的藜麦、胡萝卜丝、鹰嘴豆和豌豆拌匀后，再加入葡萄干和香菜末拌匀，即可享用。

❹ 也可将这道抓饭在食用前先加盖冷藏 1 ~ 2 小时，然后以冷食方式享用。

"每日饮食十二清单"中的食物

√ 豆类　√ 其他蔬菜　√ 香草与香料　√ 全谷物

小扁豆酱全麦意大利面

分量：*4*份（每份2杯）· 难易度：*简单*

此种酱料囊括了蔬菜、香料、调味料等，含有丰富的营养。所以不要仅将它局限于意大利面酱，用来搭配烫青菜、糙米饭、黑米饭、红米饭，或者作为馅料填入甜椒中也都很美味。

罐装或利乐包的无盐西红柿丁（无须沥干）…1罐（约800克）

中型红洋葱（切细碎）…1个

大蒜（切末）…3瓣

小型褐蘑菇*（切细碎）…230克

罐头西红柿糊…1/4杯

白味噌酱…1大匙

营养酵母…2大匙

干罗勒…1¹/₂小匙

干牛至…1小匙

红椒片…1/2小匙

椰枣粉…1/2小匙

煮熟或罐装小扁豆…1¹/₂杯

100%全麦或豆制意大利直面…230克

坚果帕马森"干酪"（做法见P4）…适量

水…1杯

❶ 将无盐西红柿丁罐头里的汤汁倒进大煎锅中，以中火加热。

❷ 锅中加入红洋葱碎和大蒜末并不时搅拌，煮约5分钟至煮软，再加入褐蘑菇煮2分钟，再拌入罐头西红柿糊、白味噌酱、营养酵母、干罗勒、干牛至、红椒片和椰枣粉，并加水拌匀。

❸ 加入无盐西红柿丁和罐装小扁豆，并以经常搅拌的方式炖煮15分钟，或直至酱汁变浓稠且味道融合后（必要时可多加点水，或依口味酌量调整调味料），转小火保温。

❹ 在炖煮酱汁的同时，把意大利面放入一大锅开水中烹煮，并不时搅拌直至弹牙。食用时，将酱汁淋在意大利面上，并撒上坚果帕马森"干酪"即可趁热享用。

---

* 小型褐蘑菇（Cremini Mushroom），颜色呈咖啡色，质地厚实，味道鲜美，在意大利食谱中被广泛应用。也可用白色口蘑替代。

"每日饮食十二清单"中的食物

√ 豆类　　√ 其他蔬菜　　√ 坚果与种子　　√ 香草与香料　　√ 全谷物

150

黑豆黄米饭佐西蓝花

分量： *4* 份（每份 $1\frac{1}{4}$ 杯）· **难易度：** *简单*

　　如果你喜欢，可以用白豆替代黑豆。而我喜欢在食用前加入些切碎的西红柿和葱末，为这道料理增添额外的魅力。

大型红葱头（切末）…1 个

嫩姜（切末）…1 小匙

白味噌酱…2 小匙

营养酵母…2 大匙

新鲜姜黄（磨泥）…1 段（约 0.6 厘米），或姜黄粉…1/4 小匙

香菜籽粉…1/2 小匙

小茴香粉…1/4 小匙

卡宴辣椒粉…1/8 小匙

长糙米饭、红米饭或黑米饭…1 杯

蔬菜高汤（做法见 P6）或水…$2\frac{1}{2}$ 杯

小朵西蓝花…3 杯

煮熟的黑豆…$1\frac{1}{2}$ 杯，或不含双酚 A 的罐头或利乐包的无盐黑豆（冲洗并沥干）…1 罐（440 克）

水…2 大匙

❶ 将水倒进大煎锅或汤锅中，以中大火加热，加入红葱头末和嫩姜末，继续煮 1 分钟，拌入白味噌酱、营养酵母、新鲜姜黄泥、香菜籽粉、小茴香粉、卡宴辣椒粉和长糙米饭。

❷ 加入蔬菜高汤搅拌，待煮沸后转小火，加盖炖煮 35 ~ 40 分钟，并不时搅拌，煮到米饭变软。

❸ 拌入西蓝花（如有需要，亦可多加点蔬菜高汤）煮 10 分钟直至收汁，待西蓝花和长糙米饭都变软后，拌入无盐黑豆并将锅从炉火上移开，即可趁热享用。

"每日饮食十二清单"中的食物

√豆类　√十字花科蔬菜　√香草与香料　√全谷物

黑豆酱镶冬南瓜

分量：*4份* · 难易度：*中等*

假如找不到够大的南瓜来填料，可以将南瓜切成约 1.3 厘米的厚片，烘烤后放在烤盅里排好，放上馅料，加盖后以 180℃烘烤 30 分钟，最后淋上酱汁即可享用。

大型冬南瓜（例如毛茛南瓜或日本南瓜，切半并去籽）…1 个

馅料

小型红洋葱（切碎）…1 个

紫甘蓝（切细碎）…2 杯

大蒜（切末）…2 瓣

小型红、橘、黄色甜椒或青椒（切碎）…1 个

蔬菜高汤（做法见 P6）…2$\frac{1}{4}$ 杯

白味噌酱…1 大匙

营养酵母…2 大匙

布格麦…1 杯

水…1/4 杯

黑豆酱

蔬菜高汤（做法见 P6）…1/2 杯

大蒜（切末）…2 瓣

煮熟的黑豆…1$\frac{1}{2}$ 杯，或不含双酚 A 的罐头或利乐包的无盐黑豆（冲洗并沥干）…1 罐（440 克）

鲜味酱（做法见 P5）…2 大匙

白味噌酱…1 大匙

罐头西红柿糊…1 大匙

营养酵母…2 大匙

小茴香粉…1/2 小匙

香菜籽粉…1 小匙

卡宴辣椒粉…1/8 ~ 1/4 小匙

烤南瓜：

- 烤箱预热至 190℃，将切半的冬南瓜以切面朝下的方式放在浅烤盘里。
- 在烤盘中加入 0.6 厘米深的水后加盖，放入烤箱烘烤 20 分钟，使其稍微软化。

馅料：

- 将水倒进大煎锅，以中火加热，加入红洋葱碎、紫甘蓝碎、大蒜末和甜椒碎，加盖后煮约 4 分钟至软化。
- 加入蔬菜高汤、白味噌酱、营养酵母和布格麦，待煮沸后转小火炖煮 5 分钟，离火，并加盖静置 10 分钟，直至水分全部被布格麦吸收。
- 将切半的南瓜翻面，使切面朝上，填入馅料后加盖，送入烤箱，烤约 30 分钟至南瓜变软。

黑豆酱：

- 在烤南瓜的同时制作酱汁。将蔬菜高汤和大蒜末放进汤锅中煮沸后转小火，加入无盐黑豆、鲜味酱、白味噌酱、罐头西红柿糊、营养酵母、小茴香粉、香菜籽粉和卡宴辣椒粉拌匀，炖煮 5 分钟。
- 将炖煮好的材料倒进搅拌机或食物处理机中，搅打至细滑后即成酱汁（亦可多加点蔬菜高汤，以达到所需浓度），而后倒回汤锅中，并以小火保温，必要时可依口味酌量调整调味料。
- 食用时，将酱汁淋在烤好的镶南瓜上，即可趁热享用。

"每日饮食十二清单"中的食物

√ 豆类　√ 十字花科蔬菜　√ 其他蔬菜　√ 香草与香料　√ 全谷物

红藜面包佐金黄酱

分量: *6份* · 难易度: *中等*

我喜欢把这道料理放在煮好的绿叶菜上一起享用。假如买不到红藜,可以用黑藜或一般藜麦替代。这款酱料搭配黑米饭、红米饭或糙米饭也是很棒的选择。

红藜面包

小型红洋葱(切粗碎)…1个

大蒜(压碎成泥)…1瓣

核桃…1/2 杯

蘑菇(切成4等份)…1杯

煮熟的红腰豆…1¹/₂ 杯,或不含双酚 A 的罐头或利乐包的无盐腰豆(冲洗并沥干)…1 罐(440 克)

煮熟的红藜…1 杯

传统燕麦片…1/2 杯

芝麻酱或花生酱…2 大匙

营养酵母…2 大匙

亚麻籽粉…2 大匙

新鲜欧芹(切末)…1大匙

白味噌酱…1 大匙

烟熏红椒粉…1 小匙

干百里香…1/2 小匙

干鼠尾草…1/2 小匙

干罗勒…1/2 小匙

黑胡椒粉…1/4 小匙

红藜面包:

- 烤箱预热至 180℃。将烘焙纸放进长条面包烤模中,且烘焙纸的长度应与烤模相同,宽度要能够超过边框 2.5 ～ 5 厘米。(例如20 厘米 ×10 厘米 ×5 厘米的烤模,烘焙纸的尺寸应约20 厘米 ×28 厘米。)

- 将红洋葱碎、大蒜泥和核桃放进食物处理机中,搅打至呈细末状后,加入蘑菇块和无盐红腰豆,继续搅打,直至打成碎末并充分混合均匀。

- 加入其余面包材料,搅打至充分混合,若看起来太湿,无法聚合成团,可多加点燕麦;若太干,则可以加点水。

- 将面团倒进长条面包烤模中,用力压实,并把顶部整平,放入烤箱烘烤50 ～ 60 分钟,直至面团变硬并呈金褐色。(并在烤约 40 分钟时检查面包顶部是否颜色过深,若过深则应在最后10 ～ 20 分钟时覆盖上铝箔纸,以免烤焦。)

"每日饮食十二清单"中的食物

√豆类   √亚麻籽   √坚果与种子   √香草与香料   √全谷物

金黄酱

蔬菜高汤（做法见P6）…1/3 杯

大蒜（切末）…2 瓣

煮熟的鹰嘴豆…$1\frac{1}{2}$ 杯，或不含
双酚 A 的罐头或利乐包的无盐
鹰嘴豆（冲洗并沥干）…1 罐（440 克）

营养酵母…2 大匙

白味噌酱…1 大匙

干百里香…1 小匙

新鲜姜黄（磨泥）…1 段（约0.6厘米），
或姜黄粉…1/4 小匙

黑胡椒粉…1/4 小匙

金黄酱：

- 在烤面包的同时制作酱汁。将蔬菜高汤和大蒜末倒进汤锅里，煮沸后转小火，并拌入其他酱汁材料，焖煮 5 分钟。

- 将焖煮好的材料倒进搅拌机或食物处理机中搅打至细滑即成酱汁，再将酱汁倒回汤锅里（必要时可依口味酌量调整调味料），以小火保温。

- 当面包烤好后，从烤箱中取出，掀盖、放置 10 分钟后切片，即可淋上酱汁趁热享用。

甘蓝叶卷

分量: *4~6*份（每份2卷）· 难易度: *中等*

　　这道南方风味的即兴菜卷料理，虽然得花些时间制作，但会让人觉得非常值得。一种比较简单的变化是：将甘蓝叶煮软后，切碎拌入米饭中，再加入剩下食材，加热后就完成了！

不含双酚 A 的罐头或利乐包的无盐西红柿丁（无须沥干）…1 罐（410 克）

红洋葱（切末）…1 个

青椒（切末）…1 个

大蒜（切末）…3 瓣

烟熏红椒粉…1 小匙

干百里香…1/2 小匙

卡宴辣椒粉…1/4 小匙

黑胡椒粉…1/4 小匙

糙米饭、黑米饭或红米饭…1¹/₂ 杯

煮熟的黑眼豆…1¹/₂ 杯，或不含双酚 A 的罐头或利乐包的无盐黑眼豆（冲洗并沥干）…1 罐（440 克）

甘蓝叶（充分洗净并切除叶柄）…8 ~ 12 片

健康辣酱（做法见 P8）…1 小匙或适量

营养酵母…2 大匙

白味噌酱…1 小匙

❶ 将无盐西红柿丁罐头里的汤汁倒入大型不粘煎锅中，以中大火加热，加入红洋葱末，加盖煮 3 分钟，使其软化。

❷ 拌入青椒末和大蒜末，继续煮 3 分钟或直至变软后（如有需要，可加点水避免烧焦），拌入烟熏红椒粉、干百里香、卡宴辣椒粉和黑胡椒粉。

❸ 加入糙米饭和黑眼豆，转小火继续煮约 10 分钟，并经常搅拌使之均匀，离火备用。

❹ 把一大锅水煮沸，将一片甘蓝叶放于平坦工作台上，带梗面朝上，用锋利的刀子以不切开叶子的方式尽量除去中央的厚梗。

❺ 将其余叶子重复步骤 4，而后分批将甘蓝叶完全浸入开水中煮 3 分钟，再以漏勺捞起，冲冷水备用。

❻ 烤箱预热至 180℃。将无盐西红柿丁罐头里的西红柿丁、健康辣酱、营养酵母和白味噌酱放进碗里拌匀，制成西红柿酱汁，之后取一半倒入大型浅烤盘中备用。

❼ 将步骤 5 的甘蓝叶放在平坦工作台上，茎端靠近自己。取约 3 大匙步骤 3 的黑眼豆糙米饭放置在距离菜叶底部约 1/4 处。把叶子的两侧向中间折叠后，将茎端折叠在馅料上，并塞到馅料后方，紧紧卷起后放入烤盘。之后重复此步骤，直至所有菜卷都做好。

❽ 将步骤 6 中剩余的一半西红柿酱汁倒在菜卷上，盖紧烤盘后送入烤箱烤 50 ~ 60 分钟直至菜卷变软，即可取出趁热享用。

"每日饮食十二清单"中的食物

√ 绿叶菜　　√ 其他蔬菜　　√ 香草与香料　　√ 全谷物

芝麻菜青酱意大利面佐烤蔬菜

分量：*4*份（每份2杯）· 难易度：*简单*

若想多些变化，可以用红米饭、黑米饭、糙米饭，或其他你喜欢的全谷物来替代意大利面。

大蒜…3瓣

新鲜芝麻菜或菠菜…3杯

新鲜罗勒叶…1杯

芝麻酱…2大匙

白味噌酱…2大匙

糙米醋…1大匙

红葱头（切半或切成4份）…4个

大型红色或黄色甜椒（切块）…1个

西葫芦（去头去尾并切成约1.3厘米的厚片）…2个

白蘑菇…8个

樱桃西红柿…8个

洋葱粉…1/4小匙

蒜粉…1/4小匙

黑胡椒粉…1/4小匙

全麦意大利面、豆制面条，或者你最喜欢的螺旋刨丝蔬菜面条…230克

坚果帕马森"干酪"（做法见P4）…适量

❶ 将大蒜放进食物处理机中打碎，加入新鲜芝麻菜和新鲜罗勒叶打成细末状，再加入芝麻酱、白味噌酱和糙米醋，继续搅打至细滑并呈鲜奶油状后，倒进小碗内备用。

❷ 烤箱预热至220℃，烤盘上铺入硅胶烤垫或烘焙纸备用。将红葱头块、甜椒块、西葫芦片、白蘑菇和樱桃西红柿放进大碗中，撒上洋葱粉、蒜粉和黑胡椒粉拌匀。

❸ 将步骤2的蔬菜以不重叠的方式平铺于烤盘上，放入烤箱烤20～25分钟（中间翻面一次）至蔬菜变软。

❹ 烤蔬菜的同时，煮意大利面：

● 依包装指示把意大利面放入开水中烹煮后，沥干面条，并保留1/2杯煮面水。

● 将意大利面放进大型浅碗中，并把煮面水和步骤1做好的芝麻菜青酱混合均匀后，加入意大利面中拌匀。

● 放上步骤3的烤蔬菜，撒上适量坚果帕马森"干酪"，即可趁热享用。

"每日饮食十二清单"中的食物

√ 绿叶菜　√ 其他蔬菜　√ 坚果与种子　√ 香草与香料　√ 全谷物

配菜

如果你正在寻找更多不同的方法来烹调蔬菜，答案就在这里。

想要做出味道鲜美的蔬菜，

可以尝试蒜炒绿叶菜、印度风味菠菜与西红柿，

或者烤甜菜根佐香醋醋炖甜菜叶。

而菜花泥是小扁豆牧羊人派（P133）的派顶，

同时也可单独作为一道很棒的配菜。

我想，在尝过镶红薯佐椰枣香醋醋酱、辣菜花佐田园沙拉酱

及香烤洋葱圈后，应该不会再有人说蔬菜很无趣了！

烤芦笋佐法式伯纳西黄椒酱

分量：**4**份（每份2/3 ~ 1杯）· 难易度：**简单**

　　一旦你试过烤芦笋，可能就不会想用其他方式烹调芦笋了！伯纳西酱通常是用大量鲜奶油、会阻塞动脉的澄清奶油 * 和蛋黄制成的，而这道料理是用健康的方式重新诠释伯纳西酱，搭配蒸西蓝花、烤菜花和烤红薯也很好吃。

蔬菜高汤（做法见P6）…2 杯

红葱头（切碎）…2 个

大蒜（压碎）…1 瓣

黄椒（去籽切碎）…2 个

干龙蒿…1 小匙

白味噌酱…2 小匙

新鲜姜黄(磨泥)…1段（约0.6厘米），或姜黄粉…1/4 小匙

营养酵母…3 大匙

龙蒿醋…1 大匙

柠檬（去皮打碎，做法见 P3）…2 小匙

芦笋（去尾）…450 ~ 570 克

❶ 将蔬菜高汤倒进汤锅中，以中火加热，加入红葱头碎和大蒜碎煮 2 分钟使其变软，再加入黄椒碎，待煮沸后转小火炖煮。

❷ 继续加入干龙蒿、白味噌酱和姜黄泥煮 30 分钟后（或直至汤汁收干至剩一半），倒进搅拌机中，加入营养酵母、龙蒿醋和柠檬碎，搅打至细滑即成酱汁，然后将酱汁倒回锅中保温。

❸ 烤箱预热至220℃，并在大烤盘上铺上硅胶烤垫或烘焙纸，之后将芦笋逐一不重叠地排列于烤盘上，放入烤箱烤 10 ~ 18 分钟至变软（时间取决于芦笋的粗细和你的喜好），即可取出放在浅盘上，淋上酱汁享用。

＊ 去除奶油中所含的蛋白质、水分、乳糖和其他非乳脂固形物之后，所留下的油脂成分即澄清奶油，颜色金黄澄澈，适合高温烹调而不会焦化。

"每日饮食十二清单"中的食物

√ 其他蔬菜　　√ 香草与香料

柠檬烤球芽甘蓝、胡萝卜与山核桃

分量：*4*份 · 难易度：*简单*

　　采用烘烤式烹调大大提升了球芽甘蓝的滋味。而加入增添色彩的胡萝卜、增加口感的山核桃，以及少许柠檬提味，它就更加美味了！

球芽甘蓝（去除不要的部分后纵向切半）···450 克

胡萝卜（斜切成 0.6 厘米的薄片）···2 根

香辣复合调料（做法见 P4）···2 小匙

生山核桃碎···1/3 杯

柠檬（去皮打碎，做法见 P3）···1 大匙

❶ 烤箱预热至 220℃，大烤盘上铺入硅胶烤垫或烘焙纸后，将球芽甘蓝和胡萝卜片以不重叠的方式依次排列于烤盘上，并撒上 1 小匙香辣复合调料为蔬菜调味，放入烤箱烤 10 分钟。

❷ 将蔬菜移出烤箱略为搅拌后再烤 5 分钟，直至蔬菜变软，即可取出放到浅盘上，撒上山核桃碎、柠檬碎和剩余香辣复合调料后享用。

球芽甘蓝

摄入球芽甘蓝（以及卷心菜、菜花和西蓝花），与降低大肠直肠癌的患病风险有关。[129] 体外研究还发现，球芽甘蓝萃取物能有效抑制乳腺癌细胞的生长。[130] 没想到这样一种小小的十字花科蔬菜，就具有这么神奇的好处！

"每日饮食十二清单"中的食物

√十字花科蔬菜　√其他蔬菜　√坚果与种子　√香草与香料

烤甜菜根佐香酯醋炖甜菜叶

分量：*4* 份（每份1杯）· 难易度：*简单*

甜菜根是高浓度的蔬菜硝酸盐来源，而硝酸盐可以降低血压，改善血液循环。假如你从来都不曾喜欢过甜菜根，可能是因为你从来没有试着烤过它。用甜菜叶烹调甜菜根，似乎违反了"不可用山羊奶煮山羊羔"的圣经禁令 *，但我认为这应该没什么问题。

中型带叶甜菜根…1 小捆

红洋葱（由中心等分切成 1.3 厘米的小块）…1 个

干牛至…1 小匙

香酯醋…1/2 杯

椰枣粉…2 小匙

橙皮屑…1 小匙

黑胡椒粉…适量

甜菜

在一项研究中发现，男女受试者在跑步前 75 分钟吃下 $1^{1}/_{2}$ 杯的烤甜菜根，可以改善跑步表现，同时保持相同的心率，甚至还发现所花费的力气更小。[131] 即使不想提高跑步速度，你还是应该继续吃甜菜根，因为 2015 年的一项研究发现，持续 4 周每天喝 1 杯甜菜根汁的人，收缩压降低了 8 mmHg。[132]

❶ 烤箱预热至 200℃。摘下甜菜叶充分洗净，并去除较粗大的梗后，切下甜菜根（但不去皮），甜菜叶备用。将甜菜根表面搓洗干净，若较为大颗，应纵向切成两半。

❷ 将大烤盘铺入硅胶烤垫或烘焙纸，然后不重叠地依次放上甜菜根和红洋葱块，并以干牛至调味，放入烤箱烤 30 分钟取出搅拌后，再放回烤箱烤 10 分钟，直至甜菜根呈现可用叉子刺穿的软度。

❸ 将甜菜叶切细碎后，放进装有 1/4 杯水的煎锅中，用中火烹煮约 3 分钟，持续搅拌至菜叶变软，再拌入香酯醋和椰枣粉，并转成大火，煮到呈糖浆稠度后，离火备用。

❹ 从步骤 2 的烤箱中取出蔬菜，将甜菜根撕开外皮切成小块后，连同红洋葱块置于盘中，并放入步骤 3 炖好的甜菜叶，再加入橙皮屑拌匀，撒上黑胡椒粉后即可享用。

---

* 出自《圣经》的《出埃及记》，意为同类相残太过残忍，类似"本是同根生，相煎何太急"。

"每日饮食十二清单"中的食物

√ 绿叶菜　√ 其他蔬菜　√ 香草与香料

印度风味菠菜与西红柿

分量：*4*份（每份1杯）·难易度：*简单*

这道简单的料理充满了丰富的滋味，搭配藜麦饭、黑米饭、红米饭或糙米饭，甚至是绿叶菜都有绝佳的风味。

新鲜菠菜…450 克

不含双酚 A 的罐头或利乐包的无盐西红柿丁（无须沥干）…1 罐（410克）

小型褐蘑菇（切片）…230 ~ 340 克

嫩姜（磨泥）…1$\frac{1}{2}$ 小匙

香菜籽粉…1 小匙

新鲜姜黄（磨泥）…1 段（约0.6厘米），或姜黄粉…1/4 小匙

小茴香粉…1/4 小匙

红椒片…1/4 小匙

白味噌酱…1 大匙

❶ 将菠菜蒸煮 3 ~ 5 分钟至软后，充分沥干，压除多余水分，放入搅拌机或食物处理机中打成泥后备用。

❷ 将无盐西红柿丁罐头中的汤汁倒入大煎锅中，以中火加热，加入褐蘑菇片、嫩姜泥、香菜籽粉、新鲜姜黄泥、小茴香粉和红椒片，以边煮边搅拌的方式煮约 1 分钟。

❸ 拌入无盐西红柿丁罐头中的西红柿丁和白味噌酱煮 3 分钟，最后拌入步骤 1 的菠菜泥炖煮至充分混合即可。

"每日饮食十二清单"中的食物

√ 绿叶菜　　√ 其他蔬菜　　√ 香草与香料

炒紫甘蓝

分量: *4*份（每份1¹/₂杯）· 难易度: *简单*

这道紫甘蓝料理搭配炖天贝特别美味。

蔬菜高汤（做法见P6）或水…1/4杯

中型红洋葱（切末）…1个

紫甘蓝（刨成细丝）…6杯

任何一种菇类（切碎）…2杯

新鲜百里香（切末）…2小匙，或干百里香…1小匙

鲜味酱（做法见P5）…3大匙

黑胡椒粉…适量

❶ 将蔬菜高汤倒进中型煎锅中，以中火加热，加入红洋葱末和紫甘蓝丝，以经常搅拌的方式煮约4分钟，直至蔬菜变软。

❷ 加入蘑菇碎和新鲜百里香末，继续边煮边搅拌约4分钟后，放入鲜味酱拌匀，最后撒上黑胡椒粉，即可趁热享用。

"每日饮食十二清单"中的食物

√ 十字花科蔬菜　　√ 其他蔬菜　　√ 香草与香料

菜花泥

分量：*4*份（每份1杯）· 难易度：*简单*

你可以用这道讨喜的料理替代土豆泥，或作为小扁豆牧羊人派（P133）的派顶。

菜花（去除不要部分，并切成 2.5 厘米的小块）…1 个

营养酵母…1 大匙

白味噌酱…1 小匙

烤大蒜（做法见 P6）…2 小匙（可省略）

❶ 将菜花蒸约 10 分钟至软后，放入碗或食物处理机中。

❷ 加入营养酵母、白味噌酱和烤大蒜，捣成泥或用机器搅打成糊状，直至细滑，即可趁热享用。

"每日饮食十二清单"中的食物

√ 十字花科蔬菜 √ 其他蔬菜

镶红薯佐椰枣香酯醋酱

分量: *4份* · 难易度: *简单*

我喜欢红薯，它是地球上最健康的食物之一。紫薯是最有营养的，通常在传统市场和有机商店里可以买到。它是那么的好，好到我会把它当成圣诞节礼物寄送出去。毕竟，在寒冷的冬天，有什么比一个热腾腾、香喷喷的红薯更能抚慰人心呢？这是一道填馅料理，你可以像圣诞老公公把礼物塞进袜子里一样填上馅料。

中型红薯…4 个
绿豌豆（蒸熟）…1/2 杯
新鲜韭菜或青葱（切末）…2 大匙
生杏仁片…1/4 杯
椰枣香酯醋酱（做法见 P8）…适量
黑胡椒粉…适量

❶ 烤箱预热至 200℃。将红薯放在铺有硅胶烤垫或烘焙纸的烤盘上，并用叉子在每个红薯上戳 2 ～ 3 个洞，烘烤约 1 小时至软后，取出放于工作台上，待稍冷后备用。

❷ 将每个红薯纵向切成两半，把薯肉挖进碗里，留下大约 0.6 厘米厚、连着表皮的薯肉，并将挖出的薯肉加入绿豌豆和新鲜韭菜末拌匀成馅料。

❸ 取适量馅料填回红薯内，之后放入烤箱烤约 15 分钟，待熟透后取出，撒上生杏仁片，淋上椰枣香酯醋酱，并以黑胡椒粉调味，即可趁热享用。

豌豆

就像毛豆一样，生的英国豌豆（也被称为贝壳豌豆或田园豌豆）是一种很好的天然点心。小时候，我和我的兄弟曾在农场度过了一个夏天，当我第一次把这些豆荚中的豌豆从藤蔓上摘下时，就爱上了它们。它们吃起来就像糖果一样。每年，我都期待着有几周可以买到新鲜豌豆。而在其他时间里，则可用甜豆来替代，作为蔬菜零食。

"每日饮食十二清单"中的食物

√ 其他蔬菜　√ 坚果与种子

蒜炒绿叶菜

分量: *4*份（每份 1/4 杯）· 难易度: *简单*

如果你想要的话，可以把这道料理变成一道主菜，只要加入约 2 杯煮熟的白豆，并搭配藜麦饭、黑米饭、红米饭或糙米饭，或者拌入 100% 全麦或豆制的意大利面中就能享用。

蔬菜高汤（做法见 P6）或水…1/3 杯

大蒜（切末）…3 ~ 4 瓣

干罗勒…1 小匙

干牛至…1/2 小匙

红椒片…1/4 ~ 1/2 小匙

白味噌酱…2 小匙

绿叶菜（除去硬梗并切碎）… 280 ~ 340 克

黑胡椒粉…适量

❶ 将蔬菜高汤、大蒜末、干罗勒、干牛至和红椒片放进大锅中，以中大火煮沸后转中火再煮 1 分钟，把大蒜末煮软。

❷ 拌入白味噌酱，加入绿叶菜碎，煮 2 ~ 6 分钟至熟（熟度取决于选用的绿叶菜种类），即可撒上黑胡椒粉，趁热享用。

10 种享受绿叶菜的方式

1. 将新鲜的绿叶菜（如羽衣甘蓝或菠菜）加入果昔中。
2. 跟大蒜、葡萄干或坚果一起炒（如叶甜菜、羽衣甘蓝、芝麻菜、阔叶苦苣和菠菜）。
3. 加在汤里（如叶甜菜、菠菜、芝麻菜，以及各种亚洲青菜）。
4. 蒸熟后淋上酱汁（如羽衣甘蓝和菠菜）。
5. 烤成脆片（如羽衣甘蓝）。
6. 搭配豆类、全谷物或意大利面食用（如叶甜菜、甘蓝叶、菠菜和西洋菜）。
7. 打成泥，做成蘸酱或酱汁（如菠菜、西洋菜和芝麻菜）。
8. 加入三明治或沙拉中（如菠菜和西洋菜）。
9. 炖煮并淋上香酯醋（如羽衣甘蓝和甘蓝叶）
10. 用姜和芝麻拌炒（如芝麻菜、羽衣甘蓝，以及各种亚洲青菜）。

"每日饮食十二清单"中的食物

√ 绿叶菜　√ 香草与香料

香烤洋葱圈

分量： *4* 份（每份 5 个洋葱圈）· **难易度：** *中等*

洋葱圈是我成长过程中的最爱，但我衷心地感谢自己放弃了那些油腻腻、肥滋滋的高脂肪油炸食物。而这道食谱中的洋葱圈配方非常接近完美，可以搭配黑豆汉堡（P88）和甜菜根汉堡（P98）一起享用。

大型红洋葱（横切成 1.3 厘米的厚片）…1 个

燕麦粉…2/3 杯

鹰嘴豆粉…1/4 杯

杏仁奶（做法见 P2）…1 杯

米醋…1 小匙

玉米粉…1/3 杯

100% 全麦无盐面包粉…3/4 杯

营养酵母…1/3 杯

香辣复合调料（做法见 P4）…2 大匙

烟熏红椒粉…1 小匙

❶ 烤箱预热至 220℃。在大烤盘中铺入硅胶烤垫或烘焙纸，并把切好的红洋葱圈逐一分开，放进碗里备用。

❷ 将燕麦粉、鹰嘴豆粉、杏仁奶和米醋放进浅碗中拌匀成面糊。并将玉米粉、全麦无盐面包粉、营养酵母、香辣复合调料和烟熏红椒粉放进另一个浅碗中，充分混合均匀成蘸粉备用。

❸ 将步骤 1 的洋葱圈、步骤 2 的面糊和蘸粉，以及准备好的烤盘依次排好。

❹ 取 1 个洋葱圈，浸入面糊中均匀蘸裹后，放入蘸粉中，用干净并干燥的手轻拨蘸粉，使粉完全裹于洋葱圈表面（亦可将粉撒在洋葱圈上蘸裹），即可放于烤盘上。

❺ 将其余的洋葱圈重复步骤 4(该材料应可制作约 20 个洋葱圈)，并不重叠地平放于烤盘上，再放入烤箱里烤约 10 分钟后，取出小心翻面，再烘烤 10 分钟，直至变得酥脆且呈褐色，即可趁热享用。

洋葱

大肠直肠癌起源于一种大肠表面内生长的息肉。一项 2006 年的研究发现，摄取一种称为槲皮素（Quercetin）的植物营养素（存在于红洋葱等蔬菜中），搭配姜黄素（姜黄香料中的活性成分），可以让患有遗传性大肠直肠癌患者体内的息肉数量减少一半以上，大小减小一半以上。[133] 且食用洋葱和大蒜也能显著降低前列腺增生（所谓的 BPH）的风险。[134]

"每日饮食十二清单" 中的食物

√ 豆类　√ 其他蔬菜　√ 香草与香料　√ 全谷物

辣菜花佐田园沙拉酱

分量: *4*份（每份1杯） · 难易度: *中等*

这是一种享用我最喜欢的十字花科蔬菜的有趣又美味的方式。

鹰嘴豆粉⋯1/2 杯

营养酵母⋯1 大匙

蒜粉⋯1 小匙

香辣复合调料（做法见 P4）⋯1 小匙

水⋯1/2 杯

菜花（切成一口大小）⋯1 个

健康辣酱（做法见 P8）⋯2/3 杯

田园沙拉酱（做法见 P7）⋯适量

❶ 烤箱预热至 220℃。将一个或两个大型烤盘铺入硅胶烤垫或烘焙纸备用。

❷ 将鹰嘴豆粉、营养酵母、蒜粉和香辣复合调料放进大碗中拌匀后，慢慢倒入水，搅打至细滑即成面糊。

❸ 将菜花放入面糊中，让每块都充分蘸匀面糊后，以不重叠、不相连的方式置于烤盘上，之后放入烤箱烤 15 分钟，中间翻面一次。

❹ 将健康辣酱倒入大碗中，把步骤 3 烤好的菜花取出，放进辣酱中轻拌均匀后，再逐一放回烤盘上，再烤 20 ～ 25 分钟直至酥脆。

❺ 烤好后取出冷却 10 分钟，即可搭配田园沙拉酱享用。

"每日饮食十二清单" 中的食物

√ 豆类　√ 十字花科蔬菜　√ 坚果与种子　√ 香草与香料　√ 全谷物

甜点

如果你想要严重损害健康的话，

只需要用精制的面粉、糖、鸡蛋和乳制品来制作甜食就可以了！

用椰枣粉和椰枣甜浆作为甜味剂，将亚麻籽粉与温水混合替代鸡蛋，

还有将传统燕麦片研磨成面粉，都只是制作超美味全天然甜点的部分秘诀。

想要快速制作甜点，试试免烤燕麦核桃饼干。喜欢家庭式甜点，

可以尝尝蒸烤苹果派、山核桃葵花子饼皮双莓派，以及覆盆子蜜桃脆片。

而用莓果巧克力奇亚籽布丁、杏仁巧克力松露，

以及软心免烤布朗尼则能满足你的巧克力瘾。

另外，要不要来个自制草莓香蕉无奶冰激凌甜点，

它就跟冷冻库里的冷冻香蕉差不多哦！

杏仁巧克力松露

免烤燕麦核桃饼干

蒸烤苹果派

新鲜水果串佐黑莓淋酱

覆盆子蜜桃脆片

草莓香蕉无奶冰激凌

软心免烤布朗尼

莓果巧克力奇亚籽布丁

山核桃葵花子饼皮双莓派

杏仁巧克力松露

分量： *24* 个 · **难易度：** *简单*

我是个嗜甜如命的人，而最好的方法，就是用新鲜水果如芒果，或椰枣等果干，来满足我的"甜点胃"。若你也想吃点甜的东西，不妨也把它做得营养又健康吧！

软椰枣（去核切碎）…1/3 杯

生腰果（用热水浸泡 3 小时后沥干）…1/3 杯

杏仁酱…3 大匙

无糖可可粉…1/2 杯

椰枣粉…1/4 杯

香草荚（对切并刮出香草籽）…1 根（5～7.5 厘米），或天然香草精…1 小匙

杏仁碎粉（包覆用）…适量

水…1 小匙

❶ 将软椰枣与生腰果放入食物处理机中搅打成糊，加入杏仁酱搅打均匀，再加入无糖可可粉、椰枣粉、香草荚和水，搅打均匀。

❷ 用两个手指把搅打后的混合物捏一点起来，看是否能粘在一起，若太干可用每次加入 1 小匙水的方式调整，直至可捏成球状。若太软，可放进冰箱冷藏 20 分钟或更久，使之变硬。假如还是太软，则可用每次加入 1 小匙可可粉的方式调整。

❸ 用手取适量的混合物，搓揉成 2.5 厘米大的球状巧克力松露，置于盘内，并将杏仁碎粉倒在浅碗中，把巧克力松露放进碗里滚动，直至杏仁碎粉覆盖表面，亦可用手压一下，使之完全覆盖表面。

❹ 将滚好的巧克力松露放在盘子里，冷藏至变硬后即可享用。

注意
如果椰枣不是软的，可用热水浸泡 20 分钟，沥水并擦干后即可使用。

"每日饮食十二清单"中的食物

√ 其他水果　　√ 坚果与种子

免烤燕麦核桃饼干

分量：*24* 片 · 难易度：*简单*

这种美味的小点心，可以在弹指之间就组合完成！然后，只需将它们放入冰箱冷藏变硬，就能大快朵颐了！

软椰枣（去核）…1¹/₂ 杯

核桃碎…1 杯

传统燕麦片…1 杯

椰枣粉…2 大匙或适量

亚麻籽粉（与 2 大匙温水拌匀）…1
大匙

香草荚（对切并刮出香草籽）…1 根
（5～7.5 厘米），或天然香草精…
1 小匙

肉桂粉…1 小匙

❶ 烤盘内铺入硅胶烤垫或烘焙纸备用。将椰枣、核桃碎和燕麦片放进食物处理机中，搅打成粗碎末状。再加入椰枣粉、拌匀的亚麻籽粉、香草荚和肉桂粉，搅打至面团黏合。若面团太干，可以每次加入 1 大匙水的方式调整。

❷ 取约 1 大匙面团，用双手搓揉成球状。之后重复上述步骤，直至用完所有面团。

❸ 将面团逐一以大间隔方式排列在准备好的烤盘上。用叉子把球稍微压平，并在上面做出交叉图案，然后冷藏 4 小时，使之变硬即可享用。

"每日饮食十二清单"中的食物

√ 其他水果　√ 亚麻籽　√ 坚果与种子　√ 香草与香料　√ 全谷物

蒸烤苹果派

分量：*4*份 · 难易度：*简单*

这些烤苹果具有苹果派的所有滋味和非常棒的香气，但比传统苹果派健康多了。

生核桃（切细碎）⋯1/4 杯

传统燕麦片⋯1/4 杯

葡萄干⋯1 大匙

杏仁酱⋯1 大匙

肉桂粉⋯1 小匙

大型适合烘烤的硬苹果（洗净并去核）⋯4 个

柠檬（去皮打碎，做法见 P3）⋯1 小匙

椰枣甜浆（做法见 P3）⋯1 大匙

水⋯1/2 杯

❶ 烤箱预热至 180℃。将生核桃碎、传统燕麦片、葡萄干、杏仁酱和肉桂粉放进食物处理机中，搅打均匀后备用。

❷ 将苹果从顶端到约 1/4 处去皮并去核，并用柠檬擦拭苹果去皮部分，以防止其变色。

❸ 取适量步骤 1 的馅料倒入每个去核苹果中央，并淋上椰枣甜浆，使其均匀分布。

❹ 将苹果直立放于浅烤盘中，并在周围倒入水。而后加盖烘烤约 1 小时直至变软，即可趁温热享用。

举一反三
若想节省时间，可用微波炉"烤"苹果。只要依上述步骤进行，然后把苹果放在可微波的烤盘里，以高功率微波 5 ~ 8 分钟或更长的时间，直至苹果变软。由于微波后的苹果内部会非常烫，因此应放置一旁冷却 5 分钟后再享用。

苹果
"一天一苹果，医生远离我"——这是一项发表在《肿瘤学年鉴》（*Annals of Oncology*）上的报告的标题。这项研究的目的，是要确定每天吃一个苹果（或更多）是否与降低患癌风险有关。结果显示，每天都吃苹果的人患乳腺癌的概率，比每天吃少于一个苹果的人低了，并且也显著降低了患卵巢癌、喉癌和大肠直肠癌的风险。[135]

"每日饮食十二清单"中的食物

√ 其他水果　　√ 坚果与种子　　√ 香草与香料　　√ 全谷物

新鲜水果串佐黑莓淋酱

分量：4份 · 难易度：简单

这是一种享用新鲜水果的简单、优雅又有趣的方式，请根据季节来选择适合搭配的时令水果。

黑莓…2 杯

柠檬（去皮打碎，做法见 P3）…1/2
小匙

椰枣粉…适量

草莓（去蒂）或覆盆子…1 杯

菠萝（去皮去核后，切成约 3.8 厘米的
块状）…1/2 个

无籽红葡萄…1 杯

奇异果（去皮切成 4 等份）…2 个

李子或桃子（切半去核后，切成约 3.8
厘米的块状）…3 个

❶ 将黑莓、柠檬碎和椰枣粉放进食物处理机或搅拌机中，搅打至细滑后作为黑莓淋酱，加盖放入冰箱冷藏备用。

❷ 将每种水果各取一个串在竹签上，并可根据竹签长度添加额外的水果。将串好的水果放于盘内后，即可淋上黑莓淋酱享用，也可用小碗盛酱，蘸着吃。

日常摄取姜黄的 10 种方法

莓果对我而言不仅是最重要的一种食物，也是最美味的食物之一。我常买一大袋冷冻莓果放在冰箱里，这样就不用担心莓果是否当季的问题。我甚至开始栽种，现在后院的接骨木莓树丛都已经长得比我还高了！不过，我认为最健康且常见的新鲜莓果可能是黑莓，我总是喜欢在各地寻找可以自己采摘的黑树莓。

"每日饮食十二清单"中的食物

√ 莓果　　√ 其他水果

覆盆子蜜桃脆片

分量：*6*份（每份1杯）· 难易度：*简单*

我喜欢尽可能地食用当季食物。所以你何不也试试依据时令，来变换这道食谱中的水果呢？

配料
传统燕麦片…1 杯
生山核桃…1/2 杯
椰枣（去核）…1/4 杯
椰枣粉…1/4 杯
肉桂粉…1/2 小匙
水…2 大匙
馅料
生腰果（用热水浸泡 3 小时后沥干）…1/4 杯
桃子（切片）…4 杯
椰枣粉…1/3 杯或依口味添加更多
柠檬（去皮打碎，做法见 P3）…1 小匙
香草荚（对切并刮出香草籽）…1 根（5 ~ 7.5 厘米），或天然香草精…1 小匙
覆盆子…1¹/₂ 杯
水…2 大匙

配料：

- 将传统燕麦片、生山核桃和椰枣放入食物处理机中，搅打至呈细末状。
- 继续加入水、椰枣粉和肉桂粉，搅打直至所有食材混合均匀并呈粗碎末状后备用。
- 将烤箱预热至 180℃。

馅料：

- 将水与生腰果、1 杯桃子切片、椰枣粉、柠檬碎和香草荚放进搅拌机里，高速搅打至细滑。
- 将剩余的 3 杯桃子切片与覆盆子，放在 20 厘米的方形烤盘或浅烤盘中混合均匀，然后把上一步搅拌机搅打好的材料倒在水果上，混合均匀并铺平。
- 将前面做好的配料撒在水果上后，放入烤箱烘烤 25 ~ 30 分钟，或直至配料开始变褐色、馅料也开始冒泡即可取出，放置几分钟，待稍凉后即可享用。

"每日饮食十二清单"中的食物

√ 其他水果　√ 坚果与种子　√ 全谷物

草莓香蕉无奶冰激凌

分量：*4*份（每份1/2杯）· 难易度：*简单*

我尖叫，你尖叫，我们都为草莓香蕉无奶冰激凌尖叫！在我们家，这种点心永远都吃不够——不管是这种特定的配方，还是它美味又简单的变化类型。以下是四种变化口味。

花生酱香蕉：去掉草莓，用花生酱替代杏仁酱。

巧克力香蕉：不用草莓，而是加入可可粉，做成健康的巧克力无奶冰激凌，吃起来就像香蕉船。

樱桃：用新鲜或冷冻的樱桃替代草莓。

抹茶：只要简单地把抹茶粉和冷冻香蕉泥混合均匀再冷冻就可以了。

冷冻的香蕉（冷冻前分成数块）···4 根

杏仁酱···2 大匙

草莓（切片）···1 杯

香草荚（对切并刮出香草籽）···1 根
（2.5～3.8厘米），或天然香草精···
1/2 小匙

❶ 将冷冻的香蕉和杏仁酱放进食物处理机中，搅打至细滑并呈乳霜状。

❷ 加入草莓片和香草荚，用食物处理机充分搅匀即成纯素冰激凌。

❸ 将纯素冰激凌倒进密封罐中冷冻，30 分钟后即变成软质冰激凌，1～2 小时则会变成坚硬的质地。

❹ 若冰激凌冻得太硬无法挖出，可将其放于室温下静置10～15 分钟后再享用。

小贴士
在冰箱冷冻室储存些香蕉块，就能在弹指间做出美味的软质纯素冰激凌（还有果昔）。

"每日饮食十二清单"中的食物

√ 莓果　　√ 其他水果　　√ 坚果与种子

软心免烤布朗尼

分量: *16* 个 5 厘米方形的布朗尼 · **难易度:** *简单*

这是一种快速又简单的方法,可以满足你的甜点胃,同时又保持健康。

核桃…1 杯

椰枣(去核)…1¹/₃ 杯

杏仁酱…1/2 杯

无糖可可粉…1/2 杯

山核桃碎…1/3 杯

❶ 将核桃和椰枣放进食物处理机中,搅打成细末状,再加入杏仁酱搅打至混合均匀,然后加入无糖可可粉,在料理机中充分搅打混合。

❷ 将混合物倒进宽 20 厘米的方形烤盘中(可在烤盘里铺入烘焙纸,这样较易把布朗尼取出),并用手指将材料均匀压平。(可在上面铺层烘焙纸,防止沾手。)

❸ 将布朗尼压紧后,撒上山核桃碎并将其压进布朗尼表面,加盖冷藏至少 1 小时,即可切成小方块享用。

"每日饮食十二清单"中的食物

√ 其他水果   √ 坚果与种子

莓果巧克力奇亚籽布丁

分量：*4*份（每份1/4杯）· 难易度：*简单*

牛油果和杏仁酱为这款巧克力布丁增添了浓郁口感。

熟牛油果（去核切半）···1/2 个

草莓、蓝莓或其他莓果···1¼ 杯

无糖可可粉···3 大匙

杏仁酱···2 大匙

椰枣甜浆（做法见 P3）···1/2 杯

杏仁奶（做法见 P2）···1½ 杯

奇亚籽···1/4 杯

选择性装饰：新鲜莓果、生杏
仁片或可可粒

❶ 舀出牛油果中的果肉，放入搅拌机或食物处理机中，加入莓果、无糖可可粉、杏仁酱、椰枣甜浆和杏仁奶，高速搅打至完全细滑后，倒入碗中，再放入奇亚籽拌匀即成布丁，而后加盖冷藏至少 8 小时。

❷ 将布丁分装成 4 小碗，并根据喜好装饰，再冷藏 20 分钟后即可取出享用。

"每日饮食十二清单"中的食物

√ 莓果　　√ 其他水果　　√ 坚果与种子

山核桃葵花子饼皮双莓派

分量：**8**份 · 难易度：**简单**

以三种材料制成的简单饼皮作为基底，搭配奶油状馅料和新鲜莓果，就构成了这道美味甜派。

饼皮

山核桃或核桃…1 杯

葵花子…3/4 杯

软帝王椰枣*（去核）…1/2 杯

馅料

腰果（用热水浸泡 3 小时后沥干）…3/4 杯

椰枣粉…2 大匙

柠檬（去皮打碎，做法见P3）…1/2 小匙

香草荚（对切并刮出香草籽）…1 根（2.5 ~ 3.8 厘米），或天然香草精…1/2 小匙

香蕉…1/2 根

新鲜蓝莓或冷冻蓝莓（解冻）…$1\frac{1}{4}$ 杯

新鲜或冷冻（需解冻）黑莓或小型草莓…1 杯

---

* 产于以色列，又称〝沙漠面包〞，为椰枣中的巨型品种，富含维生素、矿物质、膳食纤维与糖分，果肉紧实，风味如焦糖般甜蜜。

饼皮：

● 将制作饼皮的所有食材放进食物处理机中，搅打至呈粗末状的饼皮面团。（用手指捏起时若无法聚合，可加入 1 ~ 2 大匙水调整。）

● 将饼皮面团压进直径约 23 厘米的派盘（可铺层保鲜膜以方便拿取）或弹簧扣模中冷藏备用。

馅料：

● 将沥干的腰果、椰枣粉、柠檬碎和香草荚放进搅拌机中高速搅打至细滑，再加入香蕉和 1/2 杯的新鲜蓝莓，搅打至细滑并呈乳霜状后即成馅料，而后将馅料均匀抹在饼皮上。

● 将新鲜黑莓和剩余的 3/4 杯新鲜蓝莓在馅料上排成同心圆，冷藏 4 小时后即可享用。（这道甜派当天做好即吃风味最佳。）

〝每日饮食十二清单〞中的食物

√莓果　　√其他水果　　√坚果与种子

12
TWELVE

饮料

果昔的爱好者将会喜欢本章里的这些饮料,
从超级碧绿蔬果昔到超级美味的香蕉巧克力果昔,应有尽有。
樱桃莓果果昔就像夏天的味道,而南瓜派蔬果昔则是秋冬季节的完美选择。
如果一定要挑一款,我最喜欢的是V-12蔬菜轰炸综合蔬果昔。

柠檬姜汁沁饮

分量: **2份**(每份2杯)· 难易度: **简单**

这道绝妙的饮品也可做成热茶饮。

嫩姜(切片)···**1个**(约5厘米)

柠檬(去皮打碎,做法见P3)···**2大匙**

肉桂棒···**1根**(约10厘米,可省略)

椰枣甜浆(做法见P3)···**适量**(可省略)

新鲜薄荷(装饰用)···**适量**(可省略)

水···**4杯**

❶ 将水和嫩姜片放进大汤锅里煮沸后,关火,加入柠檬碎和肉桂棒,静置30分钟。

❷ 加入椰枣甜浆调整至适当甜度,冷藏至凉后,即可倒进杯中,加入冰块,装饰新鲜薄荷享用。

为饮用水添加风味的5种方式

在水杯或水瓶中加入下列任何一样食材,就能让饮用水好上加好:

1. 柠檬或青柠片;
2. 小黄瓜片;
3. 姜片;
4. 薄荷叶;
5. 内含新鲜莓果的冰块。

"每日饮食十二清单"中的食物

√ 其他水果　√ 香草与香料　√ 饮料

黄金印度奶茶

分量: *4*份（每份1¹/₂ 杯）· 难易度: *简单*

姜黄为这款芬芳的茶品增添了一抹金黄色泽，且这款茶饮冷热皆宜。

肉桂棒…2 根（约5厘米）

嫩姜（切成薄圆片）…1个（约2.5厘米）

整颗丁香…8 个

小豆蔻荚（压泥）…4 个

茴香籽…2 小匙

新鲜姜黄（磨泥）…1段（约0.6厘米），或姜黄粉…1/4 小匙

冷水…6 杯

大吉岭红茶或其他种类的红茶…6 包

椰枣甜浆（做法见P3）…1/4 杯或适量

杏仁奶（做法见P2）…1 杯或适量

❶ 将肉桂棒、嫩姜片、丁香、小豆蔻荚、茴香籽和姜黄泥放进中型汤锅里，加水煮沸后，转小火炖煮10 分钟，离火。

❷ 加入红茶茶包，浸泡 5 分钟后取出丢弃，并放入椰枣甜浆和杏仁奶拌匀，即可倒入茶壶，再装杯享用。

"每日饮食十二清单"中的食物

√ 其他水果   √ 坚果与种子   √ 香草与香料   √ 饮料

香蕉巧克力果昔

分量：*1*份（每份2杯）· 难易度：*简单*

这款香浓的巧克力果昔非常美味，好喝到让你忘了它有多健康！

冷冻的香蕉（冷冻前切块）…1根

冷冻蓝莓…1/3杯

无糖可可粉…2大匙

亚麻籽粉…1大匙

香草荚（对切并刮出香草籽）…1根
（2.5～3.8厘米），或天然香草精…
1/2小匙

杏仁酱…1大匙

椰枣甜浆（做法见P3）…2大匙（可
省略，取决于水果的甜度）

生菠菜叶…1杯

冰块…3～4块（可省略）

水…1杯

将所有食材放进搅拌机中，高速搅打至浓稠细滑，即可倒入杯中享用。（若想要稀一点，可再加入少量冰块或更多的水。）

果昔

我制作果昔的小技巧，就是把超级美味和没那么好吃的食材组合在一起，例如芒果配生羽衣甘蓝，让它们可以互相平衡。果昔能让你摄取一些日常饮食中不太会吃的食物，而且非常方便。对我而言，这代表了可以待在跑步机办公桌前边运动边工作，同时还可以顺便用吸管摄取一些"每日饮食十二清单"中的食物！

有些人会说，当你把蔬菜和水果放进搅拌机里搅打时，纤维就流失了，但这是无稽之谈，因为在搅拌机中放进多少纤维，打完就有多少纤维。好的搅拌机所做的事，就是用比我们牙齿更厉害的方式分解蔬果的细胞壁，帮助食物释放出更多的营养。为了避免在喝完果昔后感到饥饿，请慢慢地喝，好让身心有时间意识到这些摄取量，并发出适当的饱足信号。

"每日饮食十二清单"中的食物

√ 莓果　√ 其他水果　√ 绿叶菜　√ 亚麻籽　√ 坚果与种子　√ 饮料

南瓜派蔬果昔

分量：*1*份（每份 1$\frac{1}{2}$ 杯）· 难易度：**简单**

这款饮品喝起来就像是放在杯子里的南瓜派，但必须确认你用的是大块纯南瓜罐头，而不是南瓜派馅料。

大块纯南瓜罐头…1/2 杯

小型冷冻香蕉（冷冻前切块）…1 根

软帝王椰枣（去核）…3 个

新鲜姜黄（磨泥）…1 段（约 0.6 厘米），或姜黄粉…1/4 小匙

南瓜派香料…1 小匙

杏仁酱…1 大匙

水…1 杯

将所有材料放进搅拌机中，高速搅打至细滑，即可倒入杯中享用。

"每日饮食十二清单"中的食物

√ 其他水果　√ 其他蔬菜　√ 坚果与种子　√ 饮料

樱桃莓果果昔

分量: *1*份（每份2¹/₂杯）· 难易度: *简单*

　　这是一道家常必备的果昔，如果在冷冻库储存一些莓果，就能够整年享用。亦可任意搭配各种类型的莓果，或用其他新鲜或冷冻的水果做些变化。如果水果不够甜，可以加一两个软椰枣，或者淋上适量的椰枣甜浆（做法见 P3）。

冷冻蓝莓…1 杯

新鲜或冷冻樱桃（去核）…1/2 杯

冷冻香蕉（冷冻前切块）…1 根

亚麻籽粉…1 大匙

杏仁酱…1 大匙

水…1¹/₂ 杯

将所有材料放进搅拌机，搅打约 1 分钟至细滑且呈乳霜状后，即可倒入杯中享用。（若喜欢稀一点，可多加点水。）

"每日饮食十二清单"中的食物

√ 莓果　√ 其他水果　√ 亚麻籽　√ 坚果与种子　√ 饮料

超级碧绿蔬果昔

分量：*1* 份（每份 2$\frac{1}{2}$ 杯）· 难易度：*简单*

你可以用这款美味清爽的饮料勾选"每日饮食十二清单"中的 6 个项目。只要一杯蔬果昔就能勾掉 6 个哦！如果喜欢稀一点的口感，可以多加点水。

新鲜嫩叶菠菜（塞紧）…2 杯

大型苹果（去核）…1 个

菠萝（切丁）…1 杯

熟牛油果（去皮去核）…1/2 个

新鲜薄荷叶（塞紧）…1/4 杯

软帝王椰枣（去核）…3 个

新鲜姜黄（磨泥）…1 段（约 0.6 厘米），或姜黄粉…1/4 小匙

柠檬或青柠（去皮打碎，做法见P3）…2 小匙

亚麻籽粉…1 大匙

冰块…适量（可省略）

水…2/3 杯

❶ 将除冰块和水外的所有材料放进搅拌机里，搅打至完全细滑。

❷ 加入水和冰块，再搅打至细滑，即可倒入杯中享用。

"每日饮食十二清单"中的食物

√ 其他水果　√ 绿叶菜　√ 其他蔬菜　√ 坚果与种子　√ 香草与香料　√ 饮料

V-12 蔬菜轰炸综合蔬果昔

分量: **4** 份（每份两个菜卷）· 难易度: **中等**

这是一种饮用蔬菜的好方法！

菠菜、红羽衣甘蓝或其他绿叶菜…2 杯

李子西红柿…1 ~ 2 个

西芹梗（切粗碎）…1 根

红椒（切成 4 等份）… 1/2 个

红洋葱（切碎）…1 大匙，或大蒜…1 瓣

墨西哥辣椒（去籽）…1/2 个（可省略）

柠檬（去皮打碎，做法见 P3）…2 小匙

苹果（去核切成 4 份）…1 个

绿藻…2 小匙（可省略）

新鲜姜黄（磨泥）…1 段（约 0.6 厘米）或姜黄粉…1/4 小匙

冰块…1/2 杯

水…2 杯

将所有材料放入搅拌机中，高速搅打至细滑后，即可倒入杯中享用。

"每日饮食十二清单"中的食物

√ 其他水果　√ 绿叶菜　√ 其他蔬菜　√ 香草与香料　√ 饮料

十四天菜单计划

人们通常不只跟我要食谱，还希望知道怎样制订一周以上的饮食计划，

为了满足这些需求，以下是两周的菜单范例。

你也可以查看我的 Lighter 档案，

里面有数百种食谱所组成的免费饮食计划：

www.lighter.world/providers/Michael_Greger

第一周

第一天

早餐

夏日燕麦粥

午餐

咖喱鹰嘴豆卷

V-12 蔬菜轰炸综合蔬果昔

晚餐

超级火麻仁沙拉佐蒜味凯萨酱

西葫芦面佐牛油果腰果白酱

甜点

草莓香蕉无奶冰激凌

第二天

早餐

烤墨西哥卷饼

午餐

蔬菜红腰豆秋葵浓汤

干酪羽衣甘蓝脆片

晚餐

菠菜红藻味噌汤

毛豆荞麦面佐杏仁综合酱

甜点

莓果巧克力奇亚籽布丁

第三天

早餐

早餐谷物碗

午餐

菠菜蘑菇黑豆墨西哥卷饼

毛豆牛油果酱 + 生的蔬菜

晚餐

芒果牛油果羽衣甘蓝沙拉佐姜味芝麻橙汁酱

黑豆黄米饭佐西蓝花

甜点

软心免烤布朗尼

第四天

早餐

超级碧绿蔬果昔

午餐

西班牙冷汤黑豆沙拉

南瓜子蘸酱 + 生的蔬菜

晚餐

镶波特菇佐香草蘑菇酱汁

炒紫甘蓝

甜点

蒸烤苹果派

第五天

早餐

法式吐司佐莓果酱

温热炖梨

午餐

羽衣甘蓝白腰豆汤

三种种子饼干

晚餐

超级火麻仁沙拉佐蒜味凯萨酱

烤蔬菜千层面

甜点

樱桃无奶冰激凌

第六天

早餐

红薯杂烩

100% 全麦吐司

午餐

鲜蔬豆馅墨西哥馅饼

夏日莎莎酱

晚餐

波特菇绿蔬烤吐司

香烤洋葱圈

甜点

山核桃葵花子饼皮双莓派

第七天

早餐

法式吐司佐莓果酱

午餐

菠萝蜜三明治

晚餐

小扁豆牧羊人派

烤芦笋佐法式伯纳西黄椒酱

甜点

杏仁巧克力松露

第二周

第八天

早餐

夏日燕麦粥

午餐

摩洛哥小扁豆汤

干酪羽衣甘蓝脆片

晚餐

蒜炒绿叶菜

奶油通心面

甜点

覆盆子蜜桃脆片

第九天

早餐

南瓜派蔬果昔

超级食物小点心

午餐

蔬菜沙拉

冠军蔬菜墨西哥辣汤

晚餐

胡萝卜鹰嘴豆藜麦抓饭

菜花排佐摩洛哥青酱

甜点

草莓香蕉无奶冰激凌

第十天

早餐

巧克力燕麦粥

午餐

羽衣甘蓝藜麦黑豆汤

甜菜根汉堡

晚餐

开心果菠菜沙拉佐草莓香酯醋酱

小扁豆酱全麦意大利面

甜点

新鲜水果串佐黑莓淋酱

第十一天

早餐

烤墨西哥卷饼

午餐

烟熏黑眼豆与甘蓝叶

糙米饭

晚餐

咖喱鹰嘴豆菜花

糙米饭

印度风味菠菜与西红柿

甜点

软心免烤布朗尼

第十二天

早餐

超级食物小点心

樱桃莓果果昔

午餐

天贝生菜卷

烟熏烤鹰嘴豆

晚餐

炖天贝与青江菜佐姜泥

糙米饭

甜点

免烤燕麦核桃饼干

第十三天

早餐

早餐谷物碗

午餐

黑豆汉堡

芝麻紫甘蓝胡萝卜沙拉

晚餐

烤甜菜根佐香酯醋炖甜菜叶

镶冬南瓜佐黑豆酱

甜点

花生酱香蕉无奶冰激凌

第十四天

早餐

红薯杂烩

100% 全麦吐司

午餐

羽衣甘蓝沙拉佐牛油果女神酱

鲜蔬豆馅墨西哥馅饼

晚餐

柠檬烤球芽甘蓝、胡萝卜与山核桃

红藜面包佐金黄酱

甜点

新鲜水果串佐黑莓淋酱

厨艺技巧
KITCHEN TECHNIQUES

以下是一些能够帮助你的厨房秘诀和烹饪技巧。

烘焙（Baking）

这种烹调方式是在烤箱中进行的，通常温度都低于200℃，主要是用在变硬前尚未成形的食物上，如蛋糕。

用硅胶烤垫或烘焙纸烘焙或烘烤

在烤盘上先铺好硅胶烤垫或烘焙纸，再放上食材，能够让你不用油就可以烘焙，也不用担心食物沾盘，清洁时也更容易些。

炖（Braising）

这种烹调方式同时运用湿热与干热。一般情况下，食物会先用高温干煎，再放入加盖的锅中低温烹调，由于锅中可能会添加有味道的汤汁，而这些汤汁有时会随烹调变得浓稠，进而形成酱料或酱汁。

烘烤（Roasting）

这种干热烹调的方法跟烘焙很类似，也是在烤箱中进行的，通常温度都在200℃以上。烘烤适用于在烹调过程开始前，就已经具有固定结构的食物，如蔬菜。

小火炖煮（Simmering）

这是一种将食物以低于沸点的温度小火烹调的方式。为了让汤汁保持热度，先将其煮沸，然后将炉火转到几乎停止产生泡泡的程度。属于温和烹饪法，通常用于烹调汤品和炖菜。

浸泡与打碎坚果

有些食谱中需要将坚果打成粉末状后加入酱料、坚果奶或坚果奶油中。跟去皮杏仁相比，腰果较软，容易打成细末状。为尽可能做出最细滑的酱料，可先把坚果打成粉状，再用足够长的时间搅打酱料，使其变得细滑；也可将坚果先在水中浸泡一晚，或在热水中浸泡几个小时。

蒸天贝

使用天贝前，建议先用热水蒸15～30分钟，以提升其风味。

蒸蔬菜

蒸蔬菜前，应先在大汤锅中倒入几厘米深的水煮沸，再将蔬菜排于蒸盘里，然后放在开水上，确保蔬菜不会浸入水中，并要加盖，直至蒸到所想要的软硬度，且应检查水位，以确保水没有被蒸干。

炒（Stir-frying）

这种在中大火下快速烹饪的方法，有助于保持食物的颜色、味道和质地。炒菜时，最好将食材事先准备好，以便它们可以迅速放进炒菜锅或煎锅里。而不同的食材要依据不同的烹调时间分别加进锅里，例如切成薄片的蘑菇只需要炒几分钟，而胡萝卜丁则需要炒较长的时间。在食材快要炒熟时，再加入香料或酱汁搅拌，使其均匀覆盖食材。虽然用油炒是常见的方法，但也可以用水代替油做出更健康的料理，避免添加没有营养的热量。

用水煎炒（Water-sauté）

这种烹调法是不用油来煎炒食材。水煎的做法是，将2大匙（或者更多，取决于食谱指示）水倒进煎锅中，以中火加热。把食材加入热水中烹煮、翻炒直至变软。除用水外，也可以用红酒、醋、蔬菜高汤（做法见P6），甚至是无盐豆类的罐头汤汁来煎炒。

如何购买与储存食材

我写这本食谱书，是因为人们想要一些食谱，帮助他们了解如何在日常饮食中应用《救命》中的原则，并为他们提供方便又美味的方法，将"每日饮食十二清单"和其他很棒的绿灯食物放进膳食里。

如果你已经致力于最健康的饮食方式，那真是太好了。但我仍然为了那些可能还在实验阶段的人们写了这本书，希望这时候的你正告诉自己："好吧，我愿意试着吃得更健康，但只会在我喜欢盘子里的食物的前提下才愿意这么做！"

为了吃得更好，就要煮得更好；而为了煮得更好，你就需要准备好对的食材。因此这一切都始于采购。

当我去采买食材时，主要就想着三件事情：农产品、农产品、农产品。我会试着尽可能用新鲜蔬果来塞满冰箱。

在我们家，疯狂购物的意思，就是把所有的时间几乎都花在逛农产品区上。我喜欢去看看有哪些新的时令蔬果，例如夏季的桃子和冬季的南瓜，并且我会试着确保我的购物车像彩虹一样色彩缤纷，除了深浅不同的绿叶菜外，还可能会买紫甘蓝、黄椒、红苹果和蓝莓，因为越多的颜色就代表了越多的植物色素，而越多植物色素则代表了越多的抗氧化剂。

作为我们收集农产品任务的一部分，我也会将时间花在商店的另一头，也就是冷冻食物区里。有时候，冷冻蔬果比新鲜蔬果含有更多的营养。冷冻蔬菜可能是在采收当天冷冻的，而"新鲜"的农产品则可能是从地球的另一头坐船渡海而来的，在旅途中丧失了其营养价值。其实本地及新鲜采摘的农产品是最好的，但在我住的地方并非全年供应，这就是我会流连于冷冻食物区的原因。

我唯一会进入商店中央区域时，就是到散装区购买全麦意大利面、罐装或利乐包西红柿制品、罐装豆类（当没有自己煮时）、全谷物、干豆类、坚果与种子，以及果干和香料。我喜欢装一大袋的豆类和绿叶菜，如此一来，就能随时准备好立即改善任何一道菜肴的营养成分。我讨厌看到好食物坏掉，因此这也给我带来了额外的动力，来尽量装满最健康的食物。

此外，我还在厨房架上保存了很多旧瓶子和调料罐。它们装满了我所制作的香料——奇亚籽、葵花子、干欧芹、干薄荷、干莳萝、亚麻籽粉和干伏牛花，这些全都能为菜肴添加额外的口感、风味和营养。

建立一个真正一级棒的蔬食厨房需要花点时间，我的建议是请用觉得自在的步调，来逐步转换成这种基于实证的饮食方式。那些试着一下子就立刻采用全食物蔬食饮食的人，恐怕都很难坚持下去，在每样食物和每餐中逐渐学会吃得更健康的人，或许才会做得最好。

因此，在尝试新食物时，不妨在饮食中加入更多的蔬菜，以排除一些较不健康的选择；并在适当时，于烹饪中用上新的健康食谱，然后再找到另一个类似的食谱，之后一个接着一个，就能让所有的饮食都以绿灯食物为主。

请记住，最重要的是长期坚持。最要紧的，不是你在人生中最初几十年所吃的，或是明天或下星期吃的，而是接下来几十年吃的食物，所以请用最适合自己的步调来进行调整。如果你有时走了回头路，也不要给自己太大压力，假如某天你吃得不健康，只要试着在第二天吃得健康一点就可以了。

除了这些基本概念，找到喜爱的食物也很重要。最好的方法，或许是拓展你的视野，既然有各式各样充满异国风味的豆类和绿叶菜，何不选择一些不那么熟悉的种类？试试红小豆或希腊豆如何？或者试试酸模或芥蓝？如果够幸运，附近有大型农贸市场的话，就可以找到更多不常见的农产品，比如菠萝蜜，看起来就像是个长满刺的大西瓜，具有像肉一样的细丝状质地，有助于将你的无肉星期一延续到玉米饼星期二 *。虽然吃得健康最初听起来可能有诸多限制，但很多人告诉我，最终他们的饮食反而比之前任何时候都更多元丰富。

走进市场的特色区，我们可以看到墨西哥、中国、印度、泰国、埃塞俄比亚及其他地区的食材。我们的目标，是要找到能帮最不起眼的豆类和绿叶菜注入活力的酱料和调味料。大多数调制好的酱料都是黄灯或红灯食物，添加了盐、糖和脂肪，但如果一种不太健康的酱料可以大幅增进你的全蔬食摄取量，或许值得一用，直至你能够找到绿灯版的替代品为止。

一些混合香料可能始于绿灯食物，如意大利香料、牙买加烟熏香料（jerk）、玉米饼调味料（taco seasoning）、埃塞俄比亚综合香料（berbere）、印度综合香料（garam masala）及中东综合香料（za'atar）。请确保你手边随时都有一些香料，好让你在烹调时随手就可以放一些进锅里，不需要为罗勒和牛至（或其他香料）之间的适当比例伤脑筋，因为这些香料都已经帮你调配好了。

为了帮助你建立食物库存，P228 的清单是你可能会想要购买的食物指南，特别适合想要用这本书里的食谱来做菜的你。

- 朝鲜蓟心（罐头或冷冻）
- **豆类：**（干燥或罐头）黑豆、鹰嘴豆、腰豆、白豆、黑眼豆、花豆、小扁豆、裂豌豆和白腰豆
- 鹰嘴豆粉
- 阿斗波酱烟熏墨西哥辣椒（chipotle chilies in adobo）
- 可可粉（无糖）
- 咖喱粉
- 椰枣粉
- 干辣椒
- **果干：**椰枣干、葡萄干、杏干、枸杞子、无花果干
- 红藻片
- **全谷物：**红米、糙米、黑米、红色或黑色藜麦、传统燕麦片
- 味噌酱（白）
- 芥末酱（无盐石磨）
- 坚果酱和芝麻酱
- 营养酵母
- **坚果与种子：**腰果、杏仁、山核桃、花生、核桃、亚麻籽、芝麻、去壳火麻仁（大麻仁）
- **意大利面和面条：**100% 全麦或豆制意大利圆直面、意大利细面、意大利螺旋面、意大利千层面、荞麦面
- 烤红椒罐头
- 调味料和干香草
- **西红柿制品：**无盐瓶装、不含双酚 A 罐装或利乐包西红柿制品（西红柿丁、整颗西红柿、西红柿糊、西红柿酱、意式西红柿酱）

- **墨西哥薄饼：**100% 全麦和玉米制
- 香草荚
- 醋（香酯醋、米醋、龙蒿醋）

新鲜食品

- **水果和根茎类蔬菜：**洋葱、大蒜、姜、胡萝卜、红薯、西芹，以及柠檬、青柠、香蕉和其他时令水果
- **绿叶菜：**羽衣甘蓝、嫩叶菠菜、芝麻菜、新鲜香料，以及十字花科蔬菜
- **沙拉材料：**生菜、小黄瓜、西红柿、甜椒、牛油果及其他蔬菜，如芦笋、四季豆、西蓝花、菇类、南瓜和玉米
- 天贝

冷冻食品

- **蔬菜：**绿叶菜、玉米粒、绿豌豆、毛豆
- **水果：**蓝莓、樱桃、草莓、桃子、芒果
- 煮好并分成小份的（黑、红或糙）米饭、豆类

还应随时准备好下列基本材料

- 杏仁奶（做法见 P2）
- 椰枣甜浆（做法见 P3）
- 香辣复合调料（做法见 P4）
- 坚果帕马森"干酪"（做法见 P4）
- 鲜味酱（做法见 P5）
- 蔬菜高汤（做法见 P6）
- 健康辣酱（做法见 P8）

参考文献

1 D. Ornish, S. E. Brown, L. W. Scherwitz, et al., "Can Lifestyle Changes Reverse Coronary Heart Disease? The Lifestyle Heart Trial," *Lancet* 336, No. 8707 (1990): 129–133.

2 J. W. Anderson and K. Ward, "High-Carbohydrate, High-Fiber Diets for Insulin-Treated Men with Diabetes Mellitus," *Am J Clin Nutr* 32, No. 11 (1979): 2312–2321.

3 Kaiser Permanente, "The Plant-Based Diet: A Healthier Way to Eat," https://share.kaiserpermanente.org/wp-content/uploads/2015/10/The-Plant-Based-Diet-booklet.pdf. 2013, accessed April 10, 2015.

4 T. Monte and I. Pritikin, *Pritikin: The Man Who Healed America's Heart* (Emmaus, PA: Rodale Press; 1988).

5 D. Mozaffarian, E. J. Benjamin, A. S. Go, et al., "Heart Disease and Stroke Statistics—2015 Update: A Report from the American Heart Association," *Circulation* 131, No. 4 (2015): e29–322.

6 T. C. Campbell, B. Parpia, and J. Chen, "Diet, Lifestyle, and the Etiology of Coronary Artery Disease: The Cornell China Study," *Am J Cardiol* 82, No. 10B (1998): 18T–21T.

7 W. A. Thomas, J. N. Davies, R. M. O'Neal, and A. A. Dimakulangan, "Incidence of Myocardial Infarction Correlated with Venous and Pulmonary Thrombosis and Embolism. A Geographic Study Based on Autopsies in Uganda, East Africa and St. Louis, U.S.A.," *Am J Cardiol* 5 (1960): 41–47.

8 R. D. Voller and W. B. Strong, "Pediatric Aspects of Atherosclerosis," *Am Heart J* 101, No. 6 (1981): 815–836.

9 C. Napoli, F. P. D'Armiento, FP. Mancini, et al., "Fatty Streak Formation Occurs in Human Fetal Aortas and Is Greatly Enhanced by Maternal Hypercholesterolemia. Intimal Accumulation of Low Density Lipoprotein and Its Oxidation Precede Monocyte Recruitment into Early Atherosclerotic Lesions," *J Clin Invest* 100, No. 11 (1997): 2680–2690.

10 W. F. Enos, R. H. Holmes, and J. Beyer, "Coronary Disease Among United States Soldiers Killed in Action in Korea: Preliminary Report," *J Am Med Assoc* 152, No. 12 (1953): 1090–1093.

11 R. D. Voller and W. B. Strong, "Pediatric Aspects of Atherosclerosis," *Am Heart J* 101, No. 6 (1981): 815–836.

12 D. Ornish, L. W. Scherwitz, J. H. Billings, et al., "Intensive Lifestyle Changes for Reversal of Coronary Heart Disease," *JAMA* 280, No. 23 (1998): 2001–2007.

13 C. B. Esselstyn Jr, G. Gendy, J. Doyle, M. Golubic, and M. F. Roizen, "A Way to Reverse CAD?" *J Fam Pract* 63, No. 7 (2014): 356–364b.

14 American Cancer Society, "Cancer Facts and Figures 2015" (Atlanta: American Cancer Society, 2015); National Heart, Lung, and Blood Institute, NIH, *NHLBI Fact Book, Fiscal Year 2012*, http://www.nhlbi.nih.gov/files/docs/factbook/FactBook2012.pdf, February 2013, accessed March 31, 2015.

15 P. Riso, D. Martini, P. Møller, et al., "DNA Damage and Repair Activity After Broccoli Intake in Young Healthy Smokers," *Mutagenesis* 25, No. 6 (November 2010): 595–602.

16 I. C. Walda, C. Tabak, H. A. Smit, et al., "Diet and 20-Year Chronic Obstructive Pulmonary Disease Mortality in Middle-Aged Men from Three European Countries," *Eur J Clin Nutr* 56, No. 7 (2002): 638–643.

17 J. L. Protudjer, G. P. Sevenhuysen, C. D. Ramsey, A. L. Kozyrskyj, and A. B. Becker, "Low Vegetable Intake Is Associated with Allergic Asthma and Moderate-to-Severe Airway Hyperresponsiveness," *Pediatr Pulmonol* 47, No. 12 (2012): 1159–1169.

18 L. G. Wood, M. L. Garg, J. M. Smart, H. A. Scott, D. Barker, and P. G. Gibson, "Manipulating Antioxidant Intake in Asthma: A Randomized Controlled Trial," *Am J Clin Nutr* 96, No. 3 (2012): 534–543.

19 D. Mozaffarian, E. J. Benjamin, A. S. Go, et al., "Heart Disease and Stroke Statistics—2015 Update: A Report from the American Heart Association," *Circulation* 131, No. 4 (2015): e29–322; Centers for Disease Control and Prevention, Deaths: Final Data for 2013 Table 10, "Number of deaths from 113 selected causes," *National Vital Statistics Report 2016* 64, No. 2.

20 D. E. Threapleton, D. C. Greenwood, C. E. Evans, et al., "Dietary Fiber Intake and Risk of First Stroke: A Systematic Review and Meta-analysis," *Stroke* 44, No. 5 (2013): 1360–1368.

21 L. D'Elia, G. Barba, F. P. Cappuccio, and P. Strazzullo, "Potassium Intake, Stroke, and Cardiovascular Disease: A Meta-analysis of Prospective Studies," *J Am Coll Cardiol* 57, No. 10 (2011): 1210–1219.

22 J. C. de la Torre, "Alzheimer's Disease Is Incurable but Preventable," *J Alzheimers Dis* 20, No. 3 (2010): 861–870.

23 A. E. Roher, S. L. Tyas, C. L. Maarouf, et al., "Intracranial Atherosclerosis as a Contributing Factor to Alzheimer's Disease Dementia," *Alzheimers Dement* 7, No. 4 (2011): 436–444; M. Yarchoan, S. X. Xie, M. A. Kling, et al., "Cerebrovascular Atherosclerosis Correlates with Alzheimer Pathology in Neurodegenerative Dementias," *Brain* 135, part 2 (2012): 3749–3756; L. S. Honig, W. Kukull, and R. Mayeux, "Atherosclerosis and AD: Analysis of Data from the US National Alzheimer's Coordinating Center," *Neurology* 64, No. 3 (2005): 494–500.

24 L. White, H. Petrovitch, G. W. Ross, et al., Prevalence of Dementia in Older Japanese-American Men in Hawaii: The Honolulu-Asia Aging Study," *JAMA* 276, No. 12 (1996): 955–960.

25 H. C. Hendrie, A. Ogunniyi, K. S. Hall, et al., "Incidence of Dementia and Alzheimer Disease in 2 Communities: Yoruba Residing in Ibadan, Nigeria, and African Americans Residing in Indianapolis, Indiana," *JAMA* 285, No. 6 (2001): 739–747.

26 V. Chandra, M. Ganguli, R. Pandav, et al., "Prevalence of Alzheimer's Disease and Other Dementias in Rural India: The Indo-US Study," *Neurology* 51, No. 4 (1998): 1000–1008.

27 P. S. Shetty, "Nutrition Transition in India," *Public Health Nutr* 5, No. 1A (2002): 175–182.

28 American Cancer Society, "Cancer Facts and Figures 2015," Atlanta: American Cancer Society, 2015.

29 T. T. Macdonald and G. Monteleone, "Immunity, Inflammation, and Allergy in the Gut," *Science* 307. No. 5717 (2005): 1920–1925.

30 S. Bengmark, M. D. Mesa, and A. Gill, "Plant-Derived Health—The Effects of Turmeric and Curcuminoids," *Nutr Hosp* 24, No. 3 (2009): 273–281.

31 A. Hutchins-Wolfbrandt and A. M. Mistry, "Dietary Turmeric Potentially Reduces the Risk of Cancer," *Asian Pac J Cancer Prev* 12, No. 12 (2011): 3169–3173.

32 International Institute for Population Sciences (IIPS) and Macro International. *National Family Health Survey (NFHS-3), 2005-06: India: Volume. 1.* Mumbai: IIPS, 2007. http://dhsprogram.com/pubs/pdf/FRIND3/FRIND3-Vol1andVol2.pdf

33 American Cancer Society, "Cancer Facts and Figures 2014," Atlanta: American Cancer Society, 2014.

34 A. C. Thiébaut, L. Jiao, D. T. Silverman, et al., "Dietary Fatty Acids and Pancreatic Cancer in the NIH-AARP Diet and Health Study," *J Natl Cancer Inst* 101, No. 14 (2009): 1001–1011.

35 S. Rohrmann, J. Linseisen, U. Nöthlings, et al., "Meat and Fish Consumption and Risk of Pancreatic Cancer: Results from the European Prospective Investigation into Cancer and Nutrition," *Int J Cancer* 132, No. 3 (2013): 617–624.

36 Centers for Disease Control and Prevention, "Deaths: Final Data for 2013 Table 10."

37 A. Gibson, J. Edgar, C. Neville, et al., "Effect of Fruit and Vegetable Consumption on Immune Function in Older People: A Randomized Controlled Trial," *Am J Clin Nutr* 96, No. 6 (2012): 1429–1436.

38 M. Veldhoen, "Direct Interactions Between Intestinal Immune Cells and the Diet," *Cell Cycle* 11, No. 3 (February 1, 2012): 426–427.

39 L. S. McAnulty, D. C. Nieman, C. L. Dumke, et al., "Effect of Blueberry Ingestion on Natural Killer Cell Counts, Oxidative Stress, and Inflammation Prior to and after 2.5 H of Running," *Appl Physiol Nutr Metab* 36, No. 6 (2011): 976–984.

40 Centers for Disease Control and Prevention, "Number (in Millions) of Civilian, Noninstitutionalized Persons with Diagnosed Diabetes, United States, 1980–2011," http://www.cdc.gov/diabetes/statistics/prev/national/figpersons.htm, March 28, 2013, accessed May 3, 2015.

41 Centers for Disease Control and Prevention, "Deaths: Final Data for 2013 Table 10."

42 M. Roden, T. B. Price, G. Perseghin, et al., "Mechanism of Free Fatty Acid–Induced Insulin Resistance in Humans," *J Clin Invest* 97, No. 12 (1996): 2859–2865.

43 E. Ginter and V. Simko, "Type 2 Diabetes Mellitus, Pandemic in 21st Century," *Adv Exp Med Biol* 771 (2012): 42–50.

44 S. Tonstad, T. Butler, R. Yan, and G. E. Fraser, "Type of Vegetarian Diet, Body Weight, and Prevalence of Type 2 Diabetes," *Diabetes Care* 32, No. 5 (2009): 791–796.

45 R. C. Mollard, B. L. Luhovyy, S. Panahi, M. Nunez, A. Hanley, and G. H. Anderson, "Regular Consumption of Pulses for 8 Weeks Reduces Metabolic Syndrome Risk Factors in Overweight and Obese Adults," *Br J Nutr* 108, suppl. 1 (2012): S111–22.

46 S. Tonstad, K. Stewart, K. Oda, M. Batech, R. P. Herring, and G. E. Fraser, "Vegetarian Diets and Incidence of Diabetes in the Adventist Health Study-2," *Nutr Metab Cardiovasc Dis* 23, No. 4 (2013): 292–299.

47 J. W. Anderson and K. Ward, "High-Carbohydrate, High-Fiber Diets for Insulin-Treated Men with Diabetes Mellitus," *Am J Clin Nutr* 32, No. 11 (1979): 2312–2321.

48 S. Bromfield and P. Muntner, "High Blood Pressure: The Leading Global Burden of Disease Risk Factor and the Need for Worldwide Prevention Programs," *Curr Hypertens Rep* 15, No. 3 (2013): 134–136.

49 S. S. Lim, T. Vos, A. D. Flaxman, et al., "A Comparative Risk Assessment of Burden of Disease and Injury Attributable to 67 Risk Factors and Risk Factor Clusters in 21 Regions, 1990–2010: A Systematic Analysis for the Global Burden of Disease Study 2010," *Lancet* 380, No. 9859 (2012): 2224–2260.

50 D. Mozaffarian, E. J. Benjamin, A. S. Go, et al., "Heart Disease and Stroke Statistics—2015 Update: A Report from the American Heart Association," *Circulation* 131, No. 4 (2015): e29–322.

51 T. Nwankwo, S. S. Yoon, V. Burt, and Q. Gu, "Hypertension among Adults in the United States: National Health and Nutrition Examination Survey, 2011–2012," *NCHS Data Brief* No.133 (2013): 1–8.

52 C. P. Donnison, "Blood Pressure in the African Native," *Lancet* 213, No. 5497 (1929): 6–7.

53 M. R. Law, J. K. Morris, and N. J. Wald, "Use of Blood Pressure Lowering Drugs in the Prevention of Cardiovascular Disease: Meta-analysis of 147 Randomised Trials in the Context of Expectations from Prospective Epidemiological Studies," *BMJ* 338 (2009): b1665.

54 P. Tighe, G. Duthie, N. Vaughan, et al., "Effect of Increased Consumption of Whole-Grain Foods on Blood Pressure and Other Cardiovascular Risk Markers in Healthy Middle-Aged Persons: A Randomized Controlled Trial," *Am J Clin Nutr* 92, No. 4 (2010): 733–740.

55 D. L. McKay, C. Y. Chen, E. Saltzman, and J. B. Blumberg, "*Hibiscus sabdariffa* L. tea (Tisane) Lowers Blood Pressure in Prehypertensive and Mildly Hypertensive Adults," *J Nutr* 140. No. 2 (2010): 298–303.

56 D. Rodriguez-Leyva, W. Weighell, A. L. Edel, et al., "Potent Antihypertensive Action of Dietary Flaxseed in Hypertensive Patients," *Hypertension* 62, No. 6 (2013): 1081–1089.

57 Centers for Disease Control and Prevention, "Deaths: Final Data for 2013 Table 10."

58 E. M. McCarthy and M. E. Rinella, "The Role of Diet and Nutrient Composition in Nonalcoholic Fatty Liver Disease," *J Acad Nutr Diet* 112, No. 3 (2012): 401–409.

59 J. F. Silverman, W. J. Pories, and J. F. Caro, "Liver Pathology in Diabetes Mellitus and Morbid Obesity: Clinical, Pathological and Biochemical Considerations," *Pathol Annu* 24 (1989): 275–302.

60 S. Singh, A. M. Allen, Z. Wang, L. J. Prokop, M. H. Murad, and R. Loomba, "Fibrosis Progression in Nonalcoholic Fatty Liver vs Nonalcoholic Steatohepatitis: A Systematic Review and Meta-analysis of Paired-Biopsy Studies," *Clin Gastroenterol Hepatol* S1542–3565, No. 14 (2014), 00602–8.

61 S. Zelber-Sagi, D. Nitzan-Kaluski, R. Goldsmith, et al., "Long Term Nutritional Intake and the Risk for Non-alcoholic Fatty Liver Disease (NAFLD): A Population Based Study," *J Hepatol* 47, No. 5 (November 2007): 711–117.

62 Ibid.

63 H. C. Chang, C. N. Huang, D. M. Yeh, S. J. Wang, C. H. Peng, and C. J. Wang, "Oat Prevents Obesity and Abdominal Fat Distribution, and Improves Liver Function in Humans," *Plant Foods Hum Nutr* 68, No. 1 (2013): 18–23.

64 American Cancer Society, "Cancer Facts and Figures 2015."

65 T. J. Key, P. N. Appleby, E. A. Spencer, et al., "Cancer Incidence in British Vegetarians," *Br J Cancer* 101, No. 1 (2009): 192–197.

66 C. A. Thompson, T. M. Habermann, A. H. Wang, et al., "Antioxidant Intake from Fruits, Vegetables and Other Sources and Risk of Non-Hodgkin's Lymphoma: The Iowa Women's Health Study," *Int J Cancer* 136, No. 4 (2010): 992–1003.

67 S. G. Holtan, H. M. O'Connor, Z. S. Fredericksen, et al., "Food-Frequency Questionnaire-Based Estimates of Total Antioxidant Capacity and Risk of Non-Hodgkin Lymphoma," *Int J Cancer* 131, No. 5 (2012;): 1158–1168.

68 Centers for Disease Control and Prevention. "Deaths: Final Data for 2013 Table 10."

69 J. Coresh, E. Selvin, L. A. Stevens, et al., "Prevalence of Chronic Kidney Disease in the United States," *JAMA* 298, No. 17 (2007): 2038–2047.

70 T. P. Ryan, J. A. Sloand, P. C. Winters, J. P. Corsetti, and S. G. Fisher, "Chronic Kidney Disease Prevalence and Rate of Diagnosis," *Am J Med* 120, No. 11 (2007): 981–986.

71 J. Lin, F. B. Hu, And G. C. Curhan, "Associations of Diet with Albuminuria and Kidney Function Decline," *Clin J Am Soc Nephrol* 5, No. 5 (2010): 836–843.

72 P. Fioretto, R. Trevisan, A. Valerio, et al., "Impaired Renal Response to a Meat Meal in Insulin-Dependent Diabetes: Role of Glucagon and Prostaglandins," *Am J Physiol* 258, No. 3, part 2 (1990): F675–F683.

73 A. H. Simon, P. R. Lima, M. Almerinda V. F. Alves, P. V. Bottini, and J. B. Lopes de Faria, "Renal Haemodynamic Responses to a Chicken or Beef Meal in Normal Individuals," *Nephrol Dial Transplant* 13, No. 9 (1998): 2261–2264.

74 P. Kontessis, S. Jones, R. Dodds, et al., "Renal, Metabolic and Hormonal Responses to Ingestion of Animal and Vegetable Proteins," *Kidney Int* 38, No. 1 (July 1990): 136–144.

75 Z. M. Liu, S. C. Ho, Y. M. Chen, N. Tang, and J. Woo, "Effect of Whole Soy and Purified Isoflavone Daidzein on Renal Function—A 6-Month Randomized Controlled Trial in Equol-Producing Postmenopausal Women with Prehypertension," *Clin Biochem* 47, nos. 13–14 (2014): 1250–1256.

76 American Cancer Society, "Breast Cancer Facts and Figures 2013–2014," http://www.cancer.org/acs/groups/content/@research/documents/document/acspc-042725.pdf, published 2013, accessed March 10, 2015.

77 S. E. Steck, M. M. Gaudet, S. M. Eng, et al., "Cooked Meat and Risk of Breast Cancer—Lifetime versus Recent Dietary Intake," *Epidemiology* 18, No. 3 (2007): 373–382.

78 C. M. Kitahara, A. Berrington de Gonzhara, N. D. Freedman, et al., "Total Cholesterol and Cancer Risk in a Large Prospective Study in Korea," *J Clin Oncol* 29, No. 12 (2011): 1592–1598.

79 D. A. Boggs, J. R. Palmer, L. A. Wise, et al., "Fruit and Vegetable Intake in Relation to Risk of Breast Cancer in the Black Women's Health Study," *Am J Epidemiol* 172, No. 11 (2010): 1268–1279.

80 Q. Li, T. R. Holford, Y. Zhang, et al., "Dietary Fiber Intake and Risk of Breast Cancer by Menopausal and Estrogen Receptor Status," *Eur J Nutr* 52, No. 1 (2013): 217–223.

81 Centers for Disease Control and Prevention, "Deaths: Final Data for 2013, table 18," http://www.cdc.gov/nchs/data/nvsr/nvsr64/nvsr64_02.pdf, accessed March 20, 2015.

82 N. Sartorius, "The Economic and Social Burden of Depression," *J Clin Psychiatry*, 62, suppl. 15 (2001): 8–11.

83 A. C. Tsai, T.-L. Chang, and S.-H. Chi, "Frequent Consumption of Vegetables Predicts Lower Risk of Depression in Older Taiwanese—Results of a Prospective Population-Based Study," *Public Health Nutr* 15, No. 6 (2012): 1087–1092.

84 F. Gomez-Pinilla and T. T. J. Nguyen, "Natural Mood Foods: The Actions of Polyphenols against Psychiatric and Cognitive Disorders," *Nutr Neurosci* 15, No. 3 (2012): 127–133.

85 A. A. Noorbala, S. Akhondzadeh, N. Tahmacebi-Pour, and A. H. Jamshidi, "Hydro-alcoholic Extract of Crocus sativus L. versus Fluoxetine in the Treatment of Mild to Moderate Depression: A Double-Blind, Randomized Pilot Trial," *J Ethnopharmacol* 97, No. 2 (2005): 281–284.

86 J. L. Jahn, E. L. Giovannucci, and M. J. Stampfer, "The High Prevalence of Undiagnosed Prostate Cancer at Autopsy: Implications for Epidemiology and Treatment of Prostate Cancer in the Prostate-Specific Antigen-Era," *Int J Cancer* 137, No. 12 (2015): 2795-2802.

87 Centers for Disease Control and Prevention, "Prostate Cancer Statistics," http://www.cdc.gov/cancer/prostate/statistics/index.htm, updated September 2, 2014, accessed March 11, 2015.

88 D. Ganmaa, X. M. Li, L. Q. Qin, P. Y. Wang, M. Takeda, and A. Sato," "The Experience of Japan as a Clue to the Etiology of Testicular and Prostatic Cancers," *Med Hypotheses* 60, No. 5 (2003): 724–730.

89 D. Aune, D. A. Navarro Rosenblatt, D. S. Chan, et al., "Dairy Products, Calcium, and Prostate Cancer Risk: A Systematic Review and Meta-analysis of Cohort Studies," *Am J Clin Nutr* 101, No. 1 (2015): 87–117.

90 D. Ornish, G. Weidner, W. R. Fair, et al., "Intensive Lifestyle Changes May Affect the Progression of Prostate Cancer," *J Urol* 174, No. 3 (2005): 1065–1069.

91 Centers for Disease Control and Prevention, "Deaths: Final Data for 2013, table 10."

92 R. Vogt, D. Bennett, D. Cassady, J. Frost, B. Ritz, and I. Hertz-Picciotto, "Cancer and Non-cancer Health Effects from Food Contaminant Exposures for Children and Adults in California: A Risk Assessment," *Environ Health* 11 (2012): 83.

93 European Food Safety Authority, "Results of the Monitoring of Non Dioxin-like PCBs in Food and Feed," *EFSA Journal* 8, No. 7 (2010): 1701.

94 H. Arguin, M. Arguin, G. A. Bray, et al., "Impact of Adopting a Vegan Diet or an Olestra Supplementation on Plasma Organochlorine Concentrations: Results from Two Pilot Studies," *Br J Nutr* 103, No. 10 (2010): 1433–1441.

95 J. Lazarou, B. H. Pomeranz, and P. N. Corey, "Incidence of Adverse Drug Reactions in Hospitalized Patients: A Meta-analysis of Prospective Studies," *JAMA* 279, No. 15 (1998): 1200–1205; B. Starfield, "Is US Health Really the Best in the World?," *JAMA* 284, No. 4 (2000): 483–485; R. M. Klevens, J. R. Edwards, C. L. Richards, et al., "Estimating Health Care–Associated Infections and Deaths in U.S. Hospitals, 2002," *Public Health Rep* 122, No. 2 (2007): 160–166; Institute of Medicine, "To Err Is Human: Building a Safer Health System," http://www.iom.edu/~/media/Files/Report%20Files/1999/To-Err-is-Human/To%20Err%20is%20Human%201999%20%20report%20brief.pdf, November 1999, accessed March 12, 2015.

96 Klevens, Edwards, Richards, et al., "Estimating Health Care–Associated Infections and Deaths in U.S. Hospitals, 2002."

97 Lazarou, Pomeranz, and Corey, "Incidence of Adverse Drug Reactions in Hospitalized Patients."

98 Institute of Medicine, "To Err Is Human."

99 E. Picano, "Informed Consent and Communication of Risk from Radiological and Nuclear Medicine Examinations: How to Escape from a Communication Inferno," *BMJ* 329, No. 7470 (2004): 849–851.

100 C. W. Schmidt, "CT Scans: Balancing Health Risks and Medical Benefits," *Environ Health Perspect* 120, No. 3 (2012): A118–121.

101 P. N. Trewby, A. V. Reddy, C. S. Trewby, V. J. Ashton, G. Brennan, and J. Inglis, "Are Preventive Drugs Preventive Enough? A Study of Patients' Expectation of Benefit from Preventive Drugs," *Clin Med* 2, No. 6 (2002): 527–533.

102 Y. F. Chu, J. Sun, X. Wu, and R. H. Liu, "Antioxidant and Antiproliferative Activities of Common Vegetables," *J Agric Food Chem* 50, No. 23 (2002): 6910–6916.

103 W. Rock, M. Rosenblat, H. Borochov-Neori, N. Volkova, S. Judeinstein, M. Elias, and M. Aviram, Effects of Date (Phoenix dactylifera L., Medjool or Hallawi Variety) Consumption by Healthy Subjects on Serum Glucose and Lipid Levels and on Serum Oxidative Status: A Pilot Study," *J Agric Food Chem* 57, No. 17 (September 9, 2009): 8010–8017.

104 D. Rodriguez-Leyva, W. Weighell, A. L. Edel, et al., "Potent Antihypertensive Action of Dietary Flaxseed in Hypertensive Patients," *Hypertension* 62, No. 6 (2013): 1081–1089.

105 V. A. Cornelissen, R. Buys, and N. A. Smart, "Endurance Exercise Beneficially Affects Ambulatory Blood Pressure: A Systematic Review and Meta-analysis," *J Hypertens* 31, No. 4 (2013): 639–648.

106 C. J. Fabian, B. F. Kimler, C. M. Zalles, et al., "Reduction in Ki-67 in Benign Breast Tissue of High-Risk Women with the Lignan Secoisolariciresinol Diglycoside," *Cancer Prev Res* (Phila) 3, No. 10 (2010): 1342–1350.

107 S. Y. Kim, S. Yoon, S. M. Kwon, K. S. Park, and Y. C. Lee-kim, "Kale Juice Improves Coronary Artery Disease Risk Factors in Hypercholesterolemic Men," *Biomed Environ Sci* 21, No. 2 (2008): 91–97.

108 R. H. Dressendorfer, C. E. Wade, C. Hornick, and G. C. Timmis, "High-Density Lipoprotein-Cholesterol in Marathon Runners during a 20-Day Road Race," *JAMA* 247, No. 12 (1982): 1715–1717.

109 G. K. Hovingh, D. J. Rader, and R. A. Hegele, "HDL Re-examined," *Curr Opin Lipidol* 26, No. 2 (2015): 127–132.

110 D. B. Haytowitz and S. A. Bhagwat, "USDA Database for the Oxygen Radical Capacity (ORAC) of Selected Foods, Release 2," Washington, DC: United States Department of Agriculture, 2010.

111 U.S. Department of Agriculture, "Oxygen Radical Absorbance Capacity (ORAC) of Selected Foods—2007," http://www.orac-info-portal.de/download/ORAC_R2.pdf, November 2007, accessed April 10, 2015.

112 R. C. Mollard, B. L. Luhovyy, S. Panahi, M. Nunez, A. Hanley, and G. H. Anderson, "Regular Consumption of Pulses for 8 Weeks Reduces Metabolic Syndrome Risk Factors in Overweight and Obese Adults," *Br J Nutr* 108, suppl. 1 (2012): S111–122.

113 H. C. Hung, K. J. Joshipura, R. Jiang, et al., "Fruit and Vegetable Intake and Risk of Major Chronic Disease," *J Natl Cancer Inst* 96, No. 21 (2004): 1577–1584.

114 K. J. Joshipura, F. B. Hu, J. E. Manson, et al., "The Effect of Fruit and Vegetable Intake on Risk for Coronary Heart Disease," *Ann Intern Med* 134, No. 12 (2001): 1106–1114.

115 K. J. Joshipura, A. Ascherio, J. E. Manson, et al., "Fruit and Vegetable Intake in Relation to Risk of Ischemic Stroke," *JAMA* 282, No. 13 (1999): 1233–1239.

116 Y. F. Chu, J. Sun, X. Wu, and R. H. Liu, "Antioxidant and Antiproliferative Activities of Common Vegetables," *J Agric Food Chem* 50, No. 23 (2002): 6910–6916.

117 M. N. Chen, C. C. Lin, and C. F. Liu, "Efficacy of Phytoestrogens for Menopausal Symptoms: A Meta-analysis and Systematic Review," *Climacteric* 18, No. 2 (2015): 260–269.

118 C. Nagata, T. Mizoue, K. Tanaka, et al., "Soy Intake and Breast Cancer Risk: An Evaluation Based on a Systematic Review of Epidemiologic Evidence among the Japanese Population," *Jpn J Clin Oncol* 44, No. 3 (2014): 282–295.

119 F. Chi, R. Wu, Y. C. Zeng, R. Xing, Y. Liu, and Z. G. Xu, "Post-diagnosis Soy Food Intake and Breast Cancer Survival: A Meta-analysis of Cohort Studies," *Asian Pac J Cancer Prev* 14, No. 4 (2013): 2407–2412.

120 E. L. Richman, P. R. Carroll, and J. M. Chan, "Vegetable and Fruit Intake after Diagnosis and Risk of Prostate Cancer Progression," *Int J Cancer* 131, No. 1 (2012): 201–210.

121 S. S. Nielsen, G. M. Franklin, W. T. Longstreth, P. D. Swanson, and H. Checkoway, "Nicotine from Edible Solanaceae and Risk of Parkinson Disease," *Ann Neurol* 74, No. 3 (2013): 472–477.

122 Y. F. Chu, J. Sun, X. Wu, and R. H. Liu, "Antioxidant and Antiproliferative Activities of Common Vegetables," *J Agric Food Chem* 50, No. 23 (2002): 6910–6916.

123 S. C. Jeong, S. R. Koyyalamudi, and G. Pang, "Dietary Intake of Agaricusbisporus White Button Mushroom Accelerates Salivary Immunoglobulin A Secretion in Healthy Volunteers," *Nutrition* 28, No. 5 (2012): 527–531.

124 M. Jesenak, M. Hrubisko, J. Majtan, Z. Rennerova, and P. Banovcin, "Anti-allergic Effect of Pleuran (β-glucan from Pleurotus ostreatus) in Children with Recurrent Respiratory Tract Infections," *Phyto-ther Res* 28, No. 3 (2014): 471–474.

125 M. Maghbooli, F. Golipour, A. Moghimi Esfandabadi, and M. Yousefi, "Comparison between the Efficacy of Ginger and Sumatriptan in the Ablative Treatment of the Common Migraine," *Phytother Res* 28, No. 3 (2014): 412–415.

126 F. Kashefi, M. Khajehei, M. Tabatabaeichehr, M. Alavinia, and J. Asili, "Comparison of the Effect of Ginger and Zinc Sulfate on Primary Dysmenorrhea: A Placebo-Controlled Randomized Trial," *Pain Manag Nurs* 15, No. 4 (2014): 826–833.

127 World Cancer Research Fund/American Institute for Cancer Research, "Food, Nutrition, Physical Activity, and the Prevention of Cancer: A Global Perspective," Washington, DC: AICR, 2007.

128 G. E. Fraser and D. J. Shavlik, "Ten Years of Life: Is It a Matter of Choice?" *Arch Intern Med* 181, No. 13 (2001): 1645–1652.

129 N. Annema, J. S. Heyworth, S. A. Mcnaughton, B. Iacopetta, and L. Fritschi, "Fruit and Vegetable Consumption and the Risk of Proximal Colon, Distal Colon, and Rectal Cancers in a Case-Control Study in Western Australia," *J Am Diet Assoc* 111, No. 10 (2011): 1479–1490.

130 Y. F. Chu, J. Sun, X. Wu, and R. H. Liu, "Antioxidant and Antiproliferative Activities of Common Vegetables," *J Agric Food Chem* 50, No. 23 (2002): 6910–6916.

131 M. Murphy, K. Eliot, R. M. Heuertz, and E. Weiss, "Whole Beetroot Consumption Acutely Improves Running Performance," *J Acad Nutr Diet* 111, No. 4 (2012): 548–552.

132 V. Kapil, R. S. Khambata, A. Robertson, M. J. Caulfield, and A. Ahluwalia, "Dietary Nitrate Provides Sustained Blood Pressure Lowering in Hypertensive Patients: A Randomized, Phase 2, Double-Blind, Placebo-Controlled Study," *Hypertension* 65, No. 2 (2015): 320–327.

133 M. Cruz-Correa, D. A. Shoskes, P. Sanchez, et al., "Combination Treatment with Curcumin and Quercetin of Adenomas in Familial Adenomatous Polyposis," *Clin Gastroenterol Hepatol* 4, No. 8 (2006): 1035–1038.

134 C. Galeone, C. Pelucchi, R. Talamini, et al., "Onion and Garlic Intake and the Odds of Benign Prostatic Hyperplasia," *Urology* 70, No. 4 (2007): 672–676.

135 S. Gallus, R. Talamini, A. Giacosa, et al., "Does an Apple a Day Keep the Oncologist Away?" *Ann Oncol* 16, No. 11 (2005): 1841–1844.

HOW NOT TO DIE COOKBOOK:

100+ RECIPES TO HELP PREVENT AND REVERSE DISEASE

Copyright © 2017 by NutritionFacts.org Inc.

This edition arranged with InkWell Management, LLC.

through Andrew Nurnberg Associates International Limited

本书译文经成都天鸢文化传播有限公司代理，由漫游者文化事业股份有限公司授权使用。

版权贸易合同登记号 图字：01-2019-3418

图书在版编目（CIP）数据

救命食谱／（美）迈克尔·格雷格（Michael Greger），（美）吉恩·斯通（Gene Stone）著；
谢宜晖译．—北京：电子工业出版社，2019.9
书名原文：THE HOW NOT TO DIE COOKBOOK: 100+ RECIPES TO HELP PREVENT AND
REVERSE DISEASE
ISBN 978-7-121-37151-6

Ⅰ．①救… Ⅱ．①迈… ②吉… ③谢… Ⅲ．①食谱 Ⅳ．① TS972.12

中国版本图书馆 CIP 数据核字（2019）第 152338 号

责任编辑：周　林
印　　刷：天津千鹤文化传播有限公司
装　　订：天津千鹤文化传播有限公司
出版发行：电子工业出版社
　　　　　北京市海淀区万寿路 173 信箱　　邮编：100036
开　　本：787×1 092　1/16　印张：16.25　字数：286 千字
版　　次：2019 年 9 月第 1 版
印　　次：2025 年 2 月第 14 次印刷
定　　价：128.00 元

　　凡所购买电子工业出版社图书有缺损问题者，请向购买书店调换。若书店售缺，请与本社发行部
联系，联系及邮购电话：（010）88254888、88258888。
　　质量投诉请发电子邮件至 zlts@phei.com.cn，盗版侵权举报请发电子邮件至 dbqq@phei.com.cn。
　　本书咨询联系方式：25305573（QQ）。